DeepSeek+豆包

AI智能办公 从入门到精通

韩朝宾　万彬　谢凤艳◎著

化学工业出版社

·北京·

内 容 简 介

本书介绍了DeepSeek和豆包的AI核心功能，以及办公技巧与案例。随书赠送：152集教学视频演示+149个素材效果文件+136个具体创作案例+129个实用技巧讲解+121条AI提示词+2个AI工具链接。具体内容从以下三部分介绍。

第一部分是基础篇：书中深入探讨了AI智能办公的内涵与具体应用形式，还详细指导了读者如何安装与登录DeepSeek和豆包这两款AI智能办公工具，并传授了AI智能办公提示词的编写技巧，帮助读者轻松上手，迈向高效办公的新篇章。

第二部分是DeepSeek篇：书中详细介绍了DeepSeek手机版和网页版的核心功能，并通过丰富的案例与技巧分享，带领读者学会如何充分利用DeepSeek，提高工作效率和质量。

第三部分是豆包篇：书中详细介绍了豆包手机版和网页版的核心功能，并通过丰富的案例与技巧分享，带领读者掌握豆包的各项核心功能与技巧，满足读者在不同领域的办公需求，让办公更加高效、有趣。

本书内容丰富、图文并茂、通俗易懂，适合那些初入职场的新人；也适合中小企业员工、远程办公人员、教育与培训行业从业者等；还适合希望提升个人竞争力的职场人士，以及作为学校教材。

图书在版编目(CIP)数据

DeepSeek+豆包 : AI智能办公从入门到精通 / 韩朝宾, 万彬, 谢凤艳著. -- 北京 : 化学工业出版社, 2025. 10. -- ISBN 978-7-122-48964-7

Ⅰ. TP317.1

中国国家版本馆CIP数据核字第20258QV384号

责任编辑：李　辰　孙　炜　　　封面设计：异一设计
责任校对：王鹏飞　　　装帧设计：盟诺文化

出版发行：化学工业出版社（北京市东城区青年湖南街13号　邮政编码100011）
印　　装：北京云浩印刷有限责任公司
710mm×1000mm　1/16　印张$13^1/_4$　字数261千字　2026年2月北京第1版第1次印刷

购书咨询：010-64518888　　　售后服务：010-64518899
网　　址：http://www.cip.com.cn
凡购买本书，如有缺损质量问题，本社销售中心负责调换。

定　　价：78.00元

前 言

2023年8月我在云南出差，给某银行的共青团干部培训，在最后的互动环节上，大家表示意犹未尽，希望能提供一些能够提升写作效率的工具，当时DeepSeek尚未出世，豆包也才刚刚开始小范围的邀请测试，于是，用讯飞星火大模型为大家演示如何用提示词快速提升创作效率。看着经过提示词修改后屏幕上出现的一行行跳跃的文字，我至今难忘，有的学员忍不住起立鼓掌，表示AI工具太好用了。

学员的问题，就是我的课题。基于一名商业讲师的敏感，我知道AI教育会是一个新的机会，于是我做了两个动作：

1. 强迫自己使用AI

所有的工作全部使用AI：用AI做调研、用AI做在线课程设计、用AI做课件、用AI辅导作业、用AI检测电路问题……我的信念是：凡事都可以用AI解决。

2. 建立讲师AI互助学习小组

万彬老师和谢凤艳老师就是我们学习小组的成员。万彬老师是我在合肥出差结识的，万老师深耕职业教育多年，教学功底扎实，也非常接地气，常深入一线，是“田间地头”的培训专家，他觉得培训必须解决问题，帮助学员拿到成果。

谢凤艳老师是AIGC应用专家，她研究AI常常是废寝忘食，一投入就1个多小时，我非常好奇她的心流体验能有那么久，她说人工智能是生产力的革命，我们一辈子能够遇见一次生产力革命，是极其幸运的。

AI互助学习小组的成员，是各个领域的专家，除了培训师，也有律师、医生、保险经纪、配音演员……不管什么职业，大家一致认为：AI不仅能提升工作效率，而且会改变工作和生活方式。我们不仅学AI，更要用AI，教AI。

我和谢老师研发课程，当我们把这些使用AI的经验、踩过的坑开发成课程分享，大家的热情超乎想象。线下课堂爆满，因为这个我们还上了北京卫视的新闻节目。

目前行业里大家公认，分享AI相关内容的讲师有三种：

一种是分享人工智能怎么来的，内容偏向技术，是技术派。一种是人工智能行业专家和大咖分享AI走向何方，分享趋势和政策，帮助学员开阔视野，是理论派。我们是应用派：着重分享AI是怎么用的。怎么应用AI工具解决各类工作场景的挑战和问题，是我们一直以来的方向。

一、本书特色

我国要加快建设教育强国、科技强国、人才强国，坚持为党育人、为国育才，全面提高人才自主培养质量。本书正是基于这一精神，积极响应国家创新驱动发展战略，致力于培养适应新时代要求的高素质、高技能人才，提供了一系列创新性的解决方案，具体亮点如下。

亮点1：全面的工具功能介绍

本书详细讲解了DeepSeek和豆包这两个AI智能办公工具的核心功能，帮助读者能够充分利用AI智能办公工具的优势，提升自己的工作效率和创新能力。

亮点2：实用的技巧与案例

本书不仅介绍了AI工具的功能，还提供了大量的实用技巧和案例，如利用DeepSeek进行市场分析、投资决策，利用豆包进行创意设计、制作个性化图片内容等。这些案例将帮助读者更好地理解和应用AI工具，解决实际工作中的问题。

亮点3：丰富的应用场景

本书涵盖了多种职场场景，无论是科研人员、自媒体创作者、行政管理人员还是销售人员，都能在本书中找到适合自己的内容。通过学习这些应用场景，读者将能够更好地将AI工具应用到自己的工作中，提升自己的竞争力。

综上所述，本书旨在通过深入挖掘读者的痛点，为广大读者提供一本全面、实用、易懂的AI智能办公指南。希望通过学习本书，读者能够更好地掌握AI智能办公技巧，提升工作效率和质量。

二、教学资源

本书提供的配套教学资源及数量如下表所示。

教学资源及数量

序　号	教学资源	数　量
1	AI 工具链接	2 个
2	素材	17 个
3	提示词	121 条
4	效果	132 个
5	视频	152 个
6	课件	190 页

三、随书资源获取方式

如果读者需要获取书中案例的素材、回复、效果、视频和课件，请使用微信“扫一扫”功能按需扫描右侧对应的二维码即可。

扫码获取教学资源

四、特别提示

1. 本书涉及的软件工具版本分别是：DeepSeek App的版本为V1.0.12（49）、豆包App的版本为V7.4.0。

2. 在编写本书的过程中，是根据软件和工具当前最新的版本截的实际操作图片，但书从编辑到出版需要一段时间，在此期间，这些工具的版本、功能和界面可能会有变动，请在阅读时，根据书中的思路，举一反三，进行学习。

3. 需要注意的是，即使是相同的提示词，AI智能办公工具每次生成的回复和效果也会存在差别，因此在扫码观看教程时，读者应把更多的精力放在提示词的编写和实际操作步骤上。

4. 由于篇幅原因，AI智能办公工具的回复内容只展示要点，详细的回复文案，请看随书资源提供的完整文件。

5. 版本说明：本书对上述AI工具的版本的手机版和网页版进行了讲解，大家可以跟着书中的步骤进行操作。

本书由韩朝宾、万彬、谢凤艳著，同时感谢参与资料整理的毛文静。借本书出版之际，向我们的4000多位学员，以及信任和支持我们的伙伴：卓奕咨询、前哨科技、贤师荟、黄峥黄老鞋、王萃取、玩家丁丁、齐鸣、大高华、李震渝、百合姐、一然、燿宗、侯天、马格军、詹泽老师等致敬。由于编写人员知识水平有限，书中难免有疏漏之处，恳请广大读者批评、指正。

目 录

【基础篇】

【DeepSeek篇】

【豆包篇】

第7章　豆包手机版的核心功能

第8章　豆包网页版的核心功能

第9章　豆包智能办公技巧与案例

【基础篇】

第1章

AI智能办公基础认知

随着科技的飞速发展，AI智能办公已成为现代工作方式的重要组成部分。本章将明确什么是AI智能办公。同时，探讨AI智能办公如何提高工作效率、增强准确性、激发创新力，并通过与传统办公模式的对比，展现其在效率、准确性、创新及成本控制上的显著优势。

1.1　什么是AI智能办公

本节将从AI与AIGC的底层逻辑出发，深入解析AI智能办公的本质特征，并深入探讨其在不同办公场景中的实践路径，为大家揭示这一技术浪潮如何为传统办公模式带来颠覆性的变革。

1.1.1　AI和AIGC的定义与区别

扫码看教学视频

人工智能（Artificial Intelligence，AI）是指让机器像人类一样“思考”和“学习”，通过模拟、延伸和扩展人类的智能，使机器具备感知、理解、推理、学习、决策等能力。这些能力使得机器能够自主地执行各种任务，如处理语言、音频、图像、视频等各种信息，并从中智能地学习和推断，其广泛应用于医疗、教育、交通、金融、制造及零售等领域。

AI涉及多种复杂的算法和技术体系，如机器学习、深度学习等技术。技术的实现需要对大量的数据进行训练和优化，以不断提高模型的性能和准确性。

而人工智能生成内容（Artificial Intelligence Generated Content，AIGC），是利用人工智能技术，通过学习大量的数据，自动生成或辅助创作各种内容，如文本、图像、音频、视频等，它是继专家生产内容（Professionally Generated Content，PGC）和用户生产内容（User Generated Content，UGC）之后的一种新型内容创作方式。

AIGC广泛应用于媒体和娱乐、营销和广告、艺术和设计、教育、游戏、医疗、电子商务、法律服务及金融服务等行业。

AIGC通常基于深度学习中的生成模型，如生成对抗网络（Generative Adversarial Networks，GAN）、变分自编码器（Variational Autoencoder，VAE）和转换器（Transformer）架构等。这些模型通过学习大量的已有内容，掌握内容的特征和模式，从而能够生成新的、具有一定质量的内容。

总的来说，AIGC是AI在内容生成领域的一个特定应用方向，AI的技术发展为AIGC提供了基础和支撑。AIGC展示了AI技术在创造人类可读、可听、可视内容方面的巨大潜力，而AI则更广泛地应用于各种智能化任务处理和决策支持领域。因此，两者在定义、功能、应用场景和技术实现等方面都存在明显的区别。本书以AIGC应用为主，为方便理解，统一称为AI。

1.1.2 AI智能办公的定义与内涵

扫码看教学视频

AI智能办公是指利用人工智能技术，将人工智能与办公场景相结合，实现智能化、自动化的办公方式，其基础是人工智能技术，这包括但不限于机器学习、深度学习、自然语言处理、语音识别、图像识别等技术。AI智能办公并不是简单地将人工智能技术应用于办公中，而是需要根据办公场景的具体需求，将AI技术与办公流程、办公任务紧密结合，以实现更高效、更准确的办公。

AI智能办公主要涵盖自动化处理、智能化决策及个性化服务这3个方面，具体分析如图1-1所示。

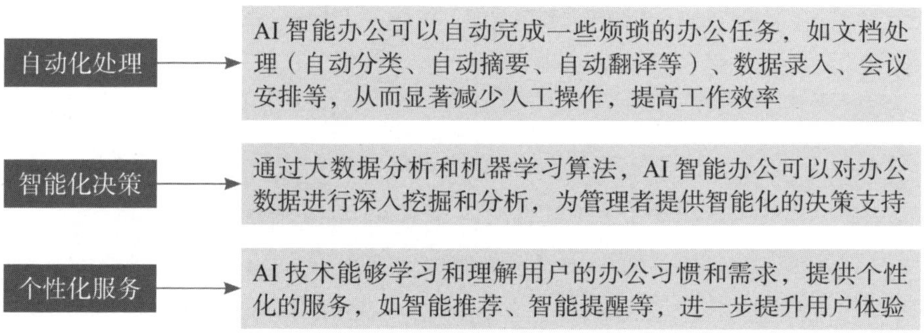

图 1-1　AI 智能办公涵盖的方面

1.1.3 AI技术在办公场景中的具体应用形式

扫码看教学视频

AI技术在办公场景中的具体应用形式多种多样，这些应用极大地提升了用户的办公效率和工作质量，也帮助企业降低了人力成本，带来了更多的竞争优势。下面是一些主要的应用形式。

1. 智能助手与日程管理

智能助手，如微软的“小冰”和“小娜”、谷歌助手及钉钉的“斜杠助手”等，这些智能助手能够协助用户安排日程、管理邮件、提醒重要事项，并根据任务优先级和紧急程度进行智能提醒，确保用户不会错过任何重要会议或活动，甚至可以进行简单的文本创作和翻译，为用户提供了全方位的办公支持。

2. 文档处理与数据分析

AI可以根据预设的模板和规则，自动生成各类文档，如报告、邮件、会议纪要等。同时，AI还能对文档内容进行智能分析和总结，提取关键信息，方便用户快速了解文档内容。另外，AI还可以处理和分析大量数据，提供深入洞察，帮助用户做出更精准的决策。例如，通过机器学习算法对销售数据进行分析，预测未来的销售趋势；或对财务数据进行分析，发现潜在的财务风险和机会。

3. 自然语言处理与沟通协作

AI能够理解人类的自然语言，从而协助用户进行文本创作、邮件撰写等工作，还能对用户的指令进行智能解析，执行相应的操作。

另外，AI聊天机器人可以提供全天24小时的客户服务，解答常见问题，提高客户满意度。在企业内部，AI还可以作为沟通协作的工具，帮助用户快速找到所需信息，提高团队协作效率。

4. 自动化流程与任务管理

通过机器人流程自动化（Robotic Process Automation，RPA）和AI相结合，可以自动化处理复杂的工作流程，如合同审核等。这些自动化流程能够减少人工操作，提高工作效率，并降低出错率。

AI还可以帮助用户对任务进行智能分配和跟踪，确保任务按时完成。同时，AI还能根据用户的任务完成情况和工作效率，提供个性化的任务建议和优化方案。

5. 安全监控与风险管理

AI可以用于监控办公场所的安全，如人脸识别、异常行为检测等。这些监控手段能够提高办公环境的安全性，保护企业和员工的人身财产安全。

另外，AI还可以对企业的运营数据进行实时监测和分析，发现潜在的风险和问题。例如，通过数据分析发现供应链中的薄弱环节或潜在的财务风险等，从而及时采取措施进行防范和应对。

1.2　AI智能办公的优势

在数字化浪潮的席卷下，办公领域正经历着前所未有的变革，AI智能办公已逐渐成为新的趋势。本节将全面探讨AI智能办公的优势，如提高工作效率、工作的准确性与质量，以及提升用户创造力与创新能力等。

1.2.1　提高工作效率的具体表现

扫码看教学视频

AI智能办公在提高工作效率方面主要体现在自动化处理日常任务、智能分析与决策支持、优化工作流程、个性化服务、减少错误和重复性劳动，以及提升协同办公能力等方面，具体分析如图1-2所示，这些优势使得AI成为现代企业和个人提升工作效率的重要工具。

- 自动化处理日常任务 → AI 可以自动完成数据录入、邮件分类与回复、日程安排与提醒等日常办公任务；通过智能识别技术，AI 可以快速处理文档、图片等文件，提高信息处理的效率
- 智能分析与决策支持 → AI 能够快速处理和分析大量数据，提供有价值的见解和决策支持。在项目管理、市场分析等领域，AI 可以预测趋势、识别风险，帮助用户做出更明智的决策
- 优化工作流程 → AI 智能办公系统可以根据用户的工作习惯和需求，自动调整和优化工作流程，减少不必要的步骤和等待时间；通过集成多个办公应用，AI 可以实现跨应用、跨设备的数据同步和协同工作，提高整体工作效率
- 个性化服务 → AI 智能办公系统可以根据用户的个人喜好和工作需求，提供个性化的服务，如智能推荐、语音助手等，这些个性化服务可以提高用户的工作满意度和效率，使用户能够更专注于核心工作
- 减少错误和重复性劳动 → AI 可以自动检查文档中的语法、拼写等错误，减少人工审核的时间和成本；通过自动化处理重复性工作，AI 可以显著降低人为造成的错误率，提高工作质量
- 提升协同办公能力 → AI 智能办公系统支持多人在线协作，可以实时同步和更新工作进度，提高团队协作效率；通过智能会议系统、即时通信等功能，AI 可以打破地域限制，实现远程高效协作

图 1-2　AI 智能办公在提高工作效率方面的具体表现

1.2.2　提高工作的准确性与质量

扫码看教学视频

AI智能办公通过自动化处理，能够大幅减少人为操作带来的错误。例如，在数据录入和文档处理过程中，AI可以自动识别并纠正拼写、语法等错误，提高文档的准确性。AI具备强大的数据分析能力，还能够快速处理和分析大量数据，提供准确的报告和预测，这有助于用户做出更明智的决策，避免基于错误数据导致的风险。

在财务管理、市场分析等领域，AI可以通过智能校验功能，确保数据的准确性和一致性，这有助于减少因数据错误导致的财务风险和市场误判。

在工作质量方面，AI可以自动生成报告、检查错别字、优化文字表达等，使文案工作更加流畅高效，这有助于提升文档的质量和可读性，增强信息的传

递效果。

AI还可以根据用户的需求和偏好，提供个性化的服务。例如，在撰写邮件、报告等文档时，AI可以根据用户的风格和习惯，提供定制化的写作建议和内容，使文档更符合用户的期望和要求。

另外，AI可以根据用户的工作内容和需求，提供智能推荐和辅助。例如，在项目管理中，AI可以推荐最佳的项目计划和资源分配方案，帮助用户优化工作流程和提高工作效率。

1.2.3　提升创造力与创新能力

扫码看教学视频

AI在提升用户创造力与创新能力方面发挥着重要作用。下面是关于AI如何提升用户创造力与创新能力的具体分析。

1. 提供创意激发工具

AI内置了多种创意激发工具，如文心一言的智慧绘图、阅读分析、创意写作等，这些工具可以根据用户的指令和要求，自动生成艺术作品、设计方案和写作建议。用户可以利用这些工具进行头脑风暴和创意构思，从而激发新的想法和创意。

2. 提供个性化推荐与建议

AI能够分析用户的工作习惯和偏好，提供个性化的推荐和建议。例如，豆包可以根据用户的日程安排和喜好，推荐适合的会议时间和地点；DeepSeek可以根据用户的搜索和需求，推荐相关的资讯和资源。这些个性化推荐有助于用户获取更多的创新灵感和创意来源，拓宽创新视野。

3. 培养创新技能和思维方式

AI的应用和推广，要求用户不断学习和掌握新的技能和思维方式。用户需要了解AI的基本原理和应用场景，学会利用AI进行创新和创造。在这个过程中，用户的创新技能和思维方式可以得到培养和提升，从而为未来的创新工作打下坚实的基础。

1.3　传统办公与AI智能办公对比

本节将深入剖析传统办公与AI智能办公在工作效率、准确性、创新能力及成本等方面的显著差异。通过对比任务处理速度、人为错误与AI的精准执行、智能办公方式的创新，以及两者在人力和时间成本上的不同，揭示AI智能办公如何重塑现代工作模式，引领未来办公的新趋势。

1.3.1 工作效率对比：任务处理速度差异

扫码看教学视频

在传统办公模式下，任务处理速度往往受限于人工操作的效率。例如，数据录入、文档整理和报表生成等重复性工作需要用户逐一手动完成，不仅耗时费力，还容易因疲劳或疏忽导致出现错误。在这种模式下处理大规模数据或复杂的任务时，效率提升空间有限，且难以适应快速变化的工作需求。

相比之下，AI智能办公通过自动化和智能化技术，极大地提升了任务处理速度。以数据处理为例，由AI驱动的RPA工具可以在短时间内完成大量数据的收集、整理和分析，效率远超人工操作。

同时，AI还能自动优化任务流程，减少不必要的步骤，进一步提高工作效率。例如，在文档处理方面，AI可以在几秒内生成高质量的文本初稿，甚至自动完成文档的排版和校对，节省了大量时间和精力。

另外，AI在处理复杂任务时也展现出了强大的优势。在传统办公模式下，用户需要花费大量时间在烦琐的流程上，而AI能够快速识别任务的关键点，自动分配资源并优化执行路径。

例如，在生成复杂的财务报表时，AI可以在短时间内整合数据、分析趋势并生成报告，而传统方式可能需要数天时间。这种高效的任务处理能力不仅提升了工作效率，还能让用户将更多精力投入更具价值的创造性工作和决策制定中。

总的来说，AI通过自动化、智能化和优化任务流程，显著提高了任务处理速度，为现代办公带来了前所未有的效率提升。

1.3.2 准确性对比：人为错误与AI的精准性

扫码看教学视频

在传统办公模式下，大量重复性任务依赖人工操作，容易因疲劳、疏忽或复杂性导致出现错误。例如，数据录入、文件整理和报表生成等任务不仅耗时，还可能因人为因素出现错误，影响工作效率和质量。另外，在传统办公中，传递和处理信息的效率较低，进一步增加了出错的可能性。

相比之下，AI智能办公通过自动化和智能化技术显著提高了准确性。AI能够高效处理数据，减少人为错误。例如，RPA可以模拟人类操作，24小时不间断运行，确保任务的高效、准确执行。另外，AI在文本生成、数据处理和文档识别方面表现出色，光学字符识别（Optical Character Recognition，OCR）技术可以精准识别文本内容，甚至手写文字也能被准确识别，极大地提高了数据录入的准确性。

AI智能办公的精准性还体现在数据分析和决策支持上。AI能够快速处理海量数据，发现潜在问题和趋势，生成详细的数据报告，为决策提供科学依据。例如，在财务领域，AI可以自动对账，避免了人工输入的错误。

综上所述，在传统办公模式中，人为错误较为常见，而AI智能办公通过自动化和智能化手段大幅提高了任务处理的准确性，降低了错误率，为企业和用户带来了更高的效率和质量保障。

1.3.3　创新能力对比：智能办公方式创新

扫码看教学视频

传统办公模式主要依赖固定流程和人工操作，创新往往受限于烦琐的流程和高昂的试错成本。用户需要花费大量时间在重复性任务上，难以腾出精力进行创新性工作。另外，传统办公软件的功能相对固定，难以根据企业需求进行灵活调整。

AI智能办公通过大模型和自动化技术，极大地提升了办公效率和创新能力，具体分析如下。

1. 自动化与智能化流程

AI智能办公能够将重复性任务进行自动化处理，减少人工干预。例如，北京银行通过“京信妙笔”智能会议助手，实现了会议纪要的自动生成和要点提炼，极大地减少了人工整理的工作量。这种自动化不仅提高了效率，还为用户腾出更多了时间，使其专注于复杂问题的解决和创新。

2. 智能助手与知识管理

AI办公助手能够提供实时的知识查询和决策支持。例如，国金证券的AI办公助手结合外部应用程序编程接口（Application Programming Interface，API）和内部大模型，为用户提供业务知识问答、智能文档处理等功能，显著提升了工作效率。另外，AI智能办公系统还能通过自然语言处理技术，实现文档的智能解读和内容生成。

3. 行业定制化与深度应用

AI可以根据不同行业的特点进行定制化创新。例如，达观数据开发的垂直行业大模型（如曹植大模型），能够精准理解行业文档内容，为复杂的业务场景提供决策支持。这种定制化能力使得AI智能办公能够更好地适应企业需求，推动业务创新。

4. 企业级应用与创新生态

一些企业通过构建企业级AI平台，实现了从单一工具到全面智能化的转变。例如，鹏华基金通过大模型平台，开发了AI绘图、代码辅助、舆情分析等多功能应用，形成了企业内部的“超级大脑”。这种企业级的创新生态不仅提升了工作效率，还为企业带来了更强大的竞争力。

1.3.4 成本对比：人力成本、时间成本分析

在传统办公与AI智能办公的成本对比中，主要可以从人力成本和时间成本两个方面进行分析，具体分析如图1-3所示。

扫码看教学视频

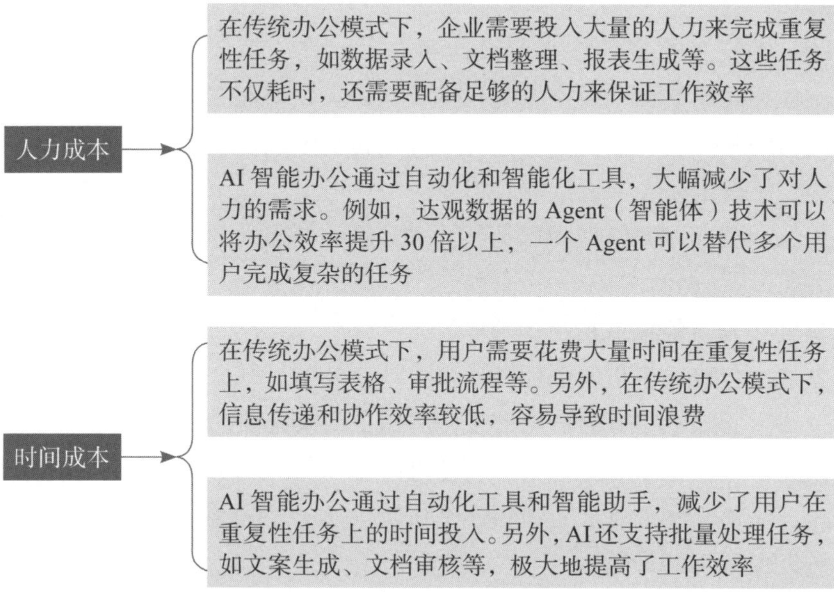

图 1-3 传统办公与 AI 智能办公的成本对比

1.4 本章小结

本章首先介绍了AI智能办公的基础认知，包括AI和AIGC的定义与区别、AI智能办公的定义与内涵，以及AI技术在办公场景中的具体应用形式；其次，详细阐述了AI智能办公的优势，如提高工作效率、工作准确性与质量，以及提升创造力与创新能力；最后，还对比了传统办公与AI智能办公在工作效率、准确性、创新能力和成本等方面的差异。

1.5　课后习题

扫码看教学视频

鉴于本章知识的重要性，为了帮助读者更好地掌握所学知识，本节将通过课后习题，帮助读者进行简单的知识回顾和补充。

问题1：简述AI智能办公的定义及其在办公场景中的具体应用形式。

答案如下。

AI智能办公是指利用人工智能技术，将人工智能与办公场景相结合，实现智能化、自动化的办公方式。在办公场景中，AI技术的具体应用形式包括但不限于智能助手、日程管理、自动化处理文档、数据分析、自然语言处理与沟通协作、自动化流程与任务管理、安全监控与风险管理等。

问题2：对比传统办公与AI智能办公，在工作效率、准确性和创新能力方面有哪些主要差异？

答案如下。

在工作效率方面，AI智能办公通过自动化流程显著加快了任务处理速度，而传统办公则更依赖人工操作，效率相对较低；在准确性方面，AI智能办公减少了人为操作造成的错误，提供了更高的精准性，而传统办公则可能因人为因素导致出现错误；在创新能力方面，AI智能办公通过提供智能推荐、数据分析等支持，激发了用户的创造力和创新能力，而传统办公则可能在创新方面受到资源和方法的限制。

第2章

AI 智能办公工具的安装与登录

随着AI技术的飞速发展，DeepSeek和豆包等智能办公工具应运而生，它们集高效、便捷、智能于一体，为用户提供了全新的办公体验。本章将分别介绍DeepSeek和豆包的手机版和网页版的安装与登录方法，帮助用户快速上手，充分利用这些智能工具，实现办公效率的飞跃。

2.1　DeepSeek的安装与登录

DeepSeek是由杭州深度求索人工智能基础技术研究有限公司开发的一款人工智能工具，集成了自然语言处理、机器学习等先进技术。通过精准的数据分析和智能推理，DeepSeek能够为用户提供更为个性化和高效的服务。本节将介绍安装与了解DeepSeek手机版的步骤，以及注册与登录DeepSeek网页版的方法。

2.1.1　安装与了解DeepSeek手机版

DeepSeek手机版，全称为“DeepSeek—AI智能对话助手”，其界面设计简洁明了，用户友好性高。无论是苹果（iOS）还是安卓（Android）系统，用户都可以在应用商店轻松下载并安装。下面介绍安装DeepSeek手机版的操作方法。

扫码看教学视频

步骤 01 打开应用商店，点击界面上方的搜索按钮Q，如图2-1所示。

步骤 02 进入搜索界面，❶搜索“DeepSeek”；❷在搜索结果中点击对应软件右侧的“安装”按钮，如图2-2所示，即可下载并安装DeepSeek手机版。

步骤 03 安装完成后，点击软件右侧的“打开”按钮，如图2-3所示。

图 2-1　点击“搜索”按钮

图 2-2　点击“安装”按钮

图 2-3　点击“打开”按钮

步骤 04 执行操作后，进入DeepSeek手机版，在弹出的“欢迎使用DeepSeek”面板中，点击“同意”按钮，如图2-4所示。

步骤 05 进入登录界面，❶选中相应的复选框；❷输入手机号和验证码；❸点击“登录”按钮，如图2-5所示，稍等片刻，用户即可使用手机号和验证码进行登录。除此之外，用户还可以使用微信进行登录。

步骤 06 完成登录后，默认进入DeepSeek的“新对话”界面，其组成如图2-6所示。

图 2-4 点击“同意”按钮

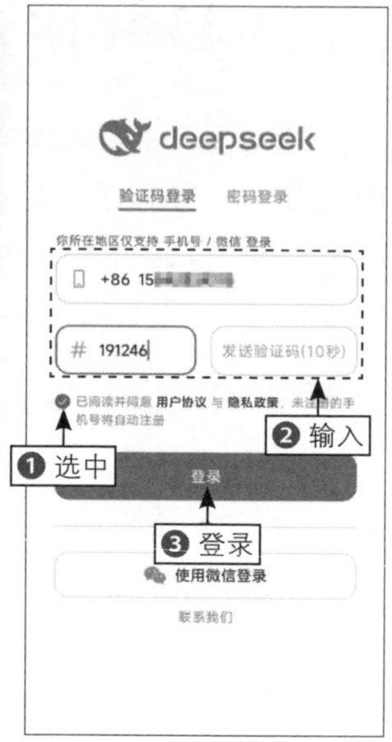

图 2-5 点击“登录”按钮

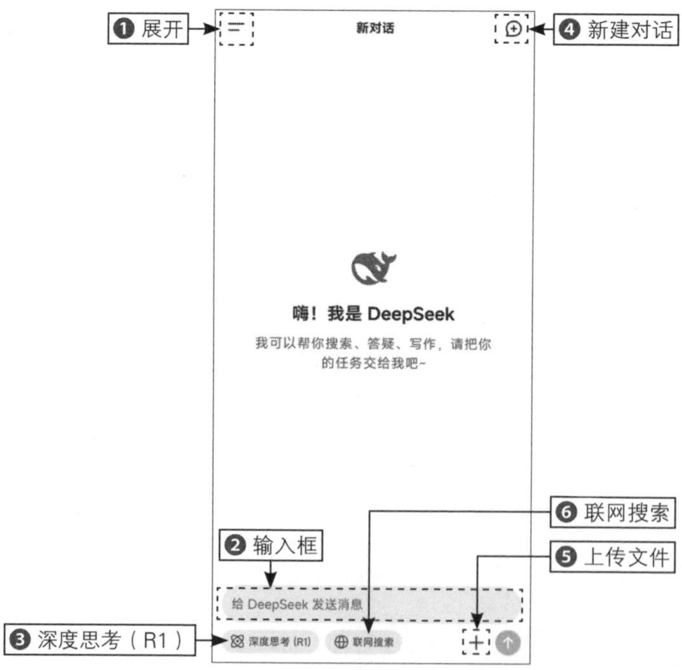

图 2-6 DeepSeek“新对话”界面的组成

下面对DeepSeek“新对话”界面中的各主要部分进行相关讲解。

❶ 展开☰：点击该按钮，即可展开最近7天内的对话记录和用户信息。

❷ 输入框：用户可以在这里输入提示词，以获得DeepSeek的回复。

❸ 深度思考（R1）：点击该按钮，打开“深度思考”模式，当用户向DeepSeek提问时，可以观察如何逐步分析并解答问题，有助于增加答案的透明度和可信度。

❹ 新建对话⊕：点击该按钮，会新建一个对话窗口，用户可以与AI讨论新的话题或让AI重新对上一个话题进行回复。

❺ 上传文件＋：点击该按钮，会弹出相应的面板。用户可以点击“拍照识文字”“图片识文字”“文件”按钮，要求DeepSeek识别出其中的文字信息。

❻ 联网搜索：点击该按钮，即可打开“联网搜索”模式，在此状态下，DeepSeek能够搜索实时信息，快速整合并给出详尽的回答，同时提供信息来源，确保对话的丰富性和准确性。

2.1.2　注册与登录DeepSeek网页版

扫码看教学视频

DeepSeek网页版是一款功能丰富、对用户友好的在线人工智能工具，其操作页面简洁明了，以直观的方式呈现。无论是初次使用者还是经验丰富的用户，都能迅速上手并找到所需功能。下面介绍注册与登录DeepSeek网页版的操作方法。

步骤 01 在浏览器（如360浏览器）中搜索“DeepSeek”，在“网页”选项卡的“DeepSeek”广告板块中，单击“开始对话”按钮，如图2-7所示。

步骤 02 进入登录页面，❶选中相应的复选框；❷输入手机号和验证码；❸单击“登录”按钮，如图2-8所示，稍等片刻，用户即可使用手机号和验证码进行登录。除此之外，用户还可以使用微信扫码进行登录。

图 2-7　单击“开始对话”按钮

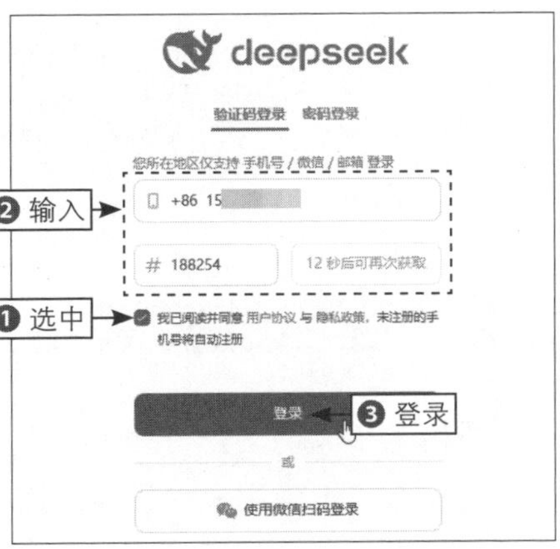

图 2-8　单击“登录”按钮

步骤 03 完成登录后，默认进入DeepSeek对话页面，其组成如图2-9所示。

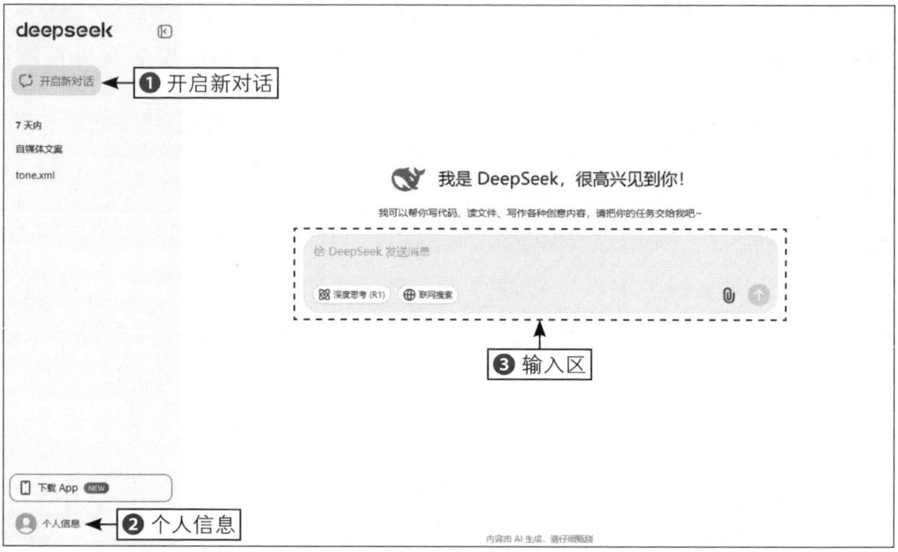

图 2-9　DeepSeek 对话页面的组成

下面对DeepSeek对话页面中的各主要部分进行相关讲解。

❶ 开启新对话：单击“开启新对话”按钮，能为用户开启一个全新的、独立的对话窗口，使用户与DeepSeek的交流更加高效和清晰。

❷ 个人信息：单击“个人信息”按钮，即可弹出相应的面板，包括“系统设置”“删除所有对话”“联系我们”“退出登录”4个按钮，用户可以根据需要，单击相应的按钮进行设置。

❸ 输入区：该区域包括提示词输入框、“深度思考（R1）”和“联网搜索”3个部分。其中，输入框是用户输入文字指令的位置；“深度思考”模式在逻辑推理和复杂问题处理方面表现出色，能够深入剖析问题的本质并给出有价值的解决方案；“联网搜索”模式能够搜索实时信息，快速整合并给出详尽的回答。

2.2　豆包的安装与登录

豆包是字节跳动公司基于云雀模型开发的一款AI工具，它以丰富的功能和智能的交互方式，为用户提供了便捷、高效的信息获取和创作体验。本节将介绍安装与了解豆包手机版的步骤，以及注册与登录豆包网页版的方法。

2.2.1 安装与了解豆包手机版

扫码看教学视频

豆包手机版是一款功能丰富、操作简单的智能助手应用，能够为用户提供全方位的AI服务，如AI绘画、AI写作等。下面介绍安装豆包手机版的操作方法。

步骤 01 在手机应用商店中搜索“豆包”，在搜索结果中点击对应软件右侧的“安装”按钮，如图2-10所示，即可下载并安装豆包手机版。

步骤 02 安装完成后，点击软件右侧的“打开”按钮，进入豆包手机版，在弹出的“欢迎使用豆包”面板中，点击“同意”按钮，如图2-11所示。

图2-10　点击“安装”按钮

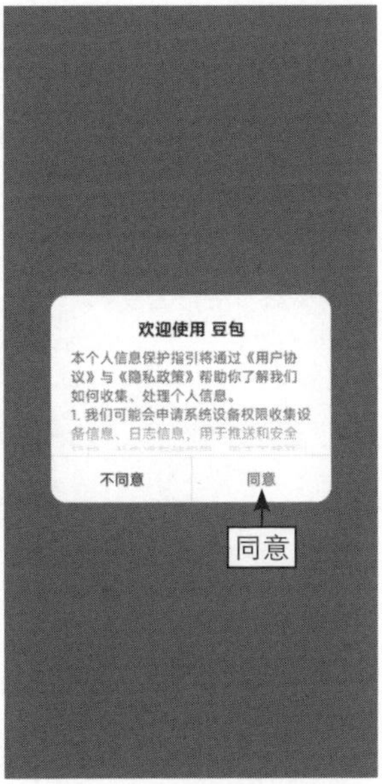

图2-11　点击“同意”按钮

步骤 03 进入登录界面，❶选中相应的复选框；❷点击“抖音一键登录”按钮，如图2-12所示。

步骤 04 在弹出的面板中选择“仅打开一次”选项，如图2-13所示，系统会自动前往抖音App获取授权，稍等片刻，用户即可使用抖音账号进行登录。

步骤 05 完成登录后，默认进入豆包的对话界面，其组成如图2-14所示。

图2-12　点击“抖音一键登录”按钮

图2-13　选择“仅打开一次”选项

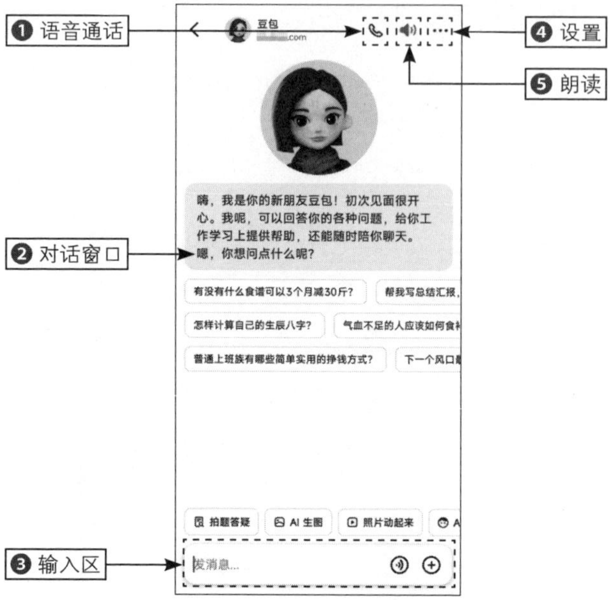

图 2-14　豆包对话界面的组成

下面对豆包对话界面中的各主要部分进行相关讲解。

❶ 语音通话：点击该按钮，用户会进入语音通话界面，以语音交流的形式向AI提出需求。

❷ 对话窗口：用户与AI的所有对话内容都会显示在这个窗口中，并且底部还会显示AI推荐的热门功能，用户点击任意按钮，即可启用对应的功能并进行体验。

❸ 输入区：该区域包括输入框、语音输入按钮和扩展按钮3个部分。其中，输入框是用户输入文字指令的位置；语音输入按钮可以让用户通过语音输入指令内容；扩展按钮可以让用户上传文件或与AI进行语音通话。

❹ 设置···：点击该按钮，会进入智能体设置界面，用户可以对智能体的形象、声音和语言进行设置，也可以进行查看聊天记录和调整界面文字的显示字号等操作。

❺ 朗读：当该按钮为开启状态时，AI每次生成的文字回复都会被朗读出来。如果用户不喜欢或不需要这个功能，可以点击开启状态下的朗读按钮，使其变成关闭状态。

2.2.2　注册与登录豆包网页版

扫码看教学视频

豆包作为一款AI工具，其操作页面简洁明了，以直观的方式呈现，以便用户快速上手。下面介绍注册与登录豆包网页版的操作方法。

步骤 01 在浏览器（如360浏览器）中搜索“豆包”，在“网页”选项卡的“豆包”广告板块中单击“立即体验”按钮，进入豆包首页，单击页面右上角的“登录”按钮，如图2-15所示。

步骤 02 弹出“登录后免费使用完整功能”对话框，❶选中相应的复选框；❷输入手机号，如图2-16所示。

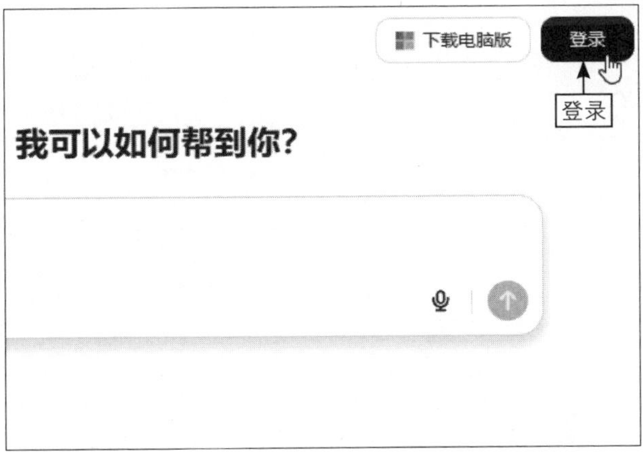

图 2-15　单击“登录”按钮

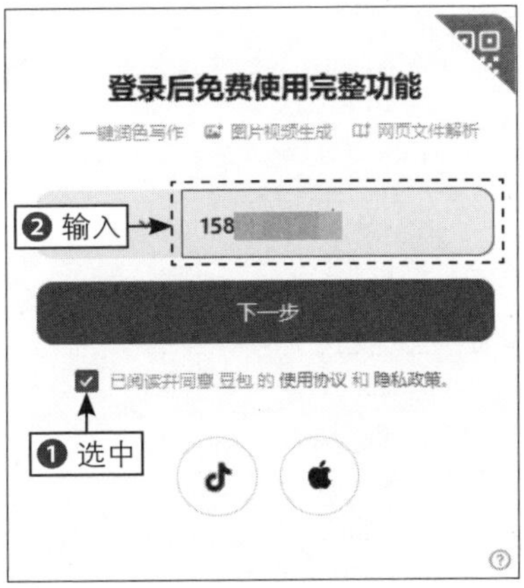

图 2-16　输入手机号

步骤 03 单击“下一步”按钮，进入“输入6位验证码”对话框，输入收到的6位数验证码，如图2-17所示，系统会自动进行验证。

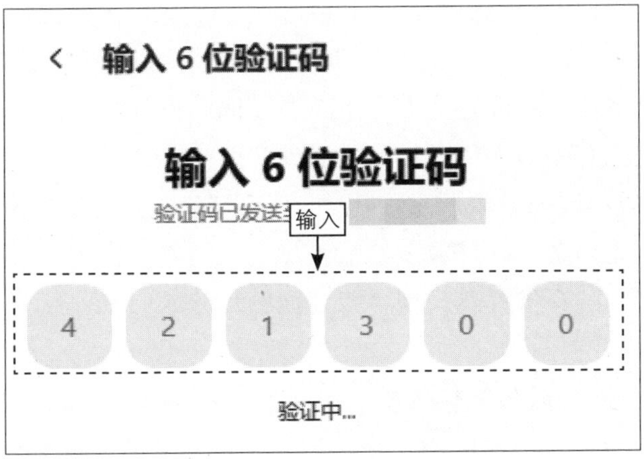

图 2-17　输入验证码

步骤 04 验证无误后，即可完成登录，进入豆包的对话页面，其组成如图2-18所示。

☆ 专 家 提 醒 ☆

拥有Apple账号的用户也可以使用Apple身份证标识号（Identity Document，ID）进行登录。如果用户既没有抖音账号也没有Apple账号，在初次登录时最好选择手机验证的方式进行注册和登录。

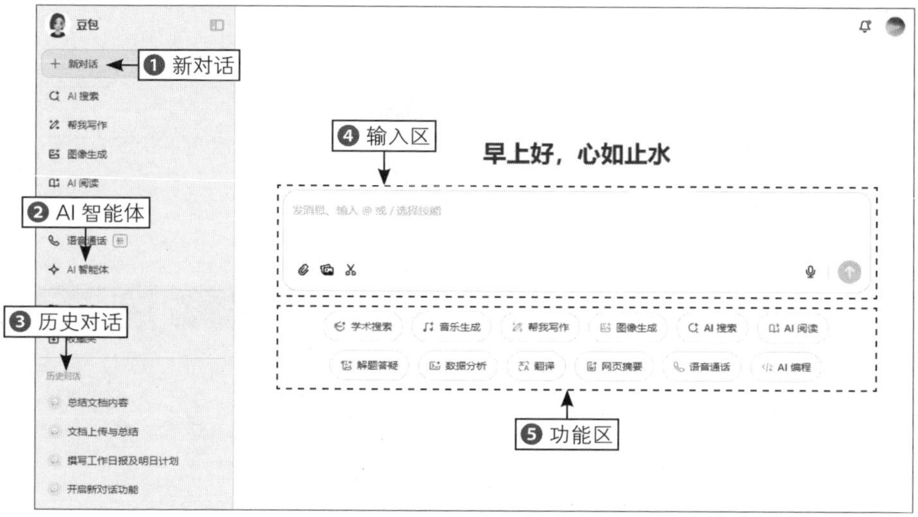

图 2-18　豆包对话页面的组成

下面对豆包对话页面中的各主要部分进行相关讲解。

❶ 新对话：单击“新对话”按钮，能为用户开启一个全新的、独立的对话窗口，使用户与豆包的交流更加高效和清晰。

❷ AI智能体：该列表中展示了不同特点和专长的智能体，每个智能体在知识领域、交流风格或解决问题的方式上有所不同。例如，有的智能体更擅长文学艺术领域的交流，有的则在科学技术方面表现出色。

❸ 历史对话：该列表中展示了用户近期与豆包交流的记录，可以快速找到相关历史内容，无须费力回忆或重新输入相同的问题。比如，用户几天前咨询过关于“海边度假”的穿搭推荐，现在想要回顾具体的回复，展开“最近对话”列表就能轻松找到。

❹ 输入区：该区域包括输入框、上传文件按钮、“添加图片”按钮、“截图提问”按钮、“语音输入”按钮以及发送按钮6个部分。其中，输入框是用户输入文字指令的位置；上传文件按钮，可以让用户上传文件以供AI分析；“添加图片”按钮可以让用户上传图片方便AI对添加的图片进行分析；语音输入按钮可以让用户通过语音输入指令内容；发送按钮可以将用

户输入的文字指令发送给AI。

❺ 功能区：该区域中展示了豆包的常用功能，如AI搜索、帮我写作、图像生成、AI阅读及AI编程等功能，以适应不同场景和需求的交互。

2.3　本章小结

本章首先介绍了DeepSeek的安装与登录流程，详细阐述了如何在手机端安装DeepSeek并对其进行初步介绍；接着介绍了如何在网页版上进行注册与登录操作；然后介绍了豆包的安装与登录方法，包括在手机端安装豆包并对基础功能进行了介绍；最后介绍了豆包网页版的注册与登录步骤，为读者提供了全面且具体的AI智能办公工具使用入门指导。

2.4　课后习题

扫码看教学视频

鉴于本章知识的重要性，为了帮助读者更好地掌握所学知识，本节将通过课后习题，帮助读者进行简单的知识回顾和补充。

问题1：简述DeepSeek“联网搜索”模式的作用。

答案如下。

DeepSeek的“联网搜索”模式能够搜索实时信息，快速整合并给出详尽的回答，同时提供信息来源，确保对话的丰富性和准确性。

问题2：豆包有哪些常用功能？

答案如下。

豆包的常用功能有AI搜索、帮我写作、图像生成、AI阅读及AI编程等，以适应不同场景和需求的交互。

第3章

AI 智能办公提示词编写技巧

AI的工作方式是用户先输入并发送提示词，AI再根据提示词来生成内容。用户若想获得所需内容，就要使提示词充分包含自己的需求，且被AI所理解。本章以豆包网页版为例，介绍AI智能办公提示词的编写技巧，帮助用户更有效地与AI沟通，使其成为工作中的得力助手。

3.1　AI智能办公提示词编写的基础技巧

在当今的数字化时代，人工智能助理如豆包正逐渐成为大家日常工作中不可或缺的一部分。本节将探讨如何通过一系列基础技巧，编写出既高效又富有吸引力的AI智能办公提示词，让它能够更好地理解用户的指令，提供更加个性化和精准的服务。

3.1.1　明确主要目标

用户在输入提示词之前，首先要明确编写提示词的主要目标与意图，即想要得到什么样的结果。例如，想要让豆包生成一篇关于某个主题的文章，就要明确文章的主题、字数、写作风格等要求，相关案例如下。

扫码看教学视频

步骤01 在豆包的“对话”页面，单击提示词输入框，如图3-1所示。

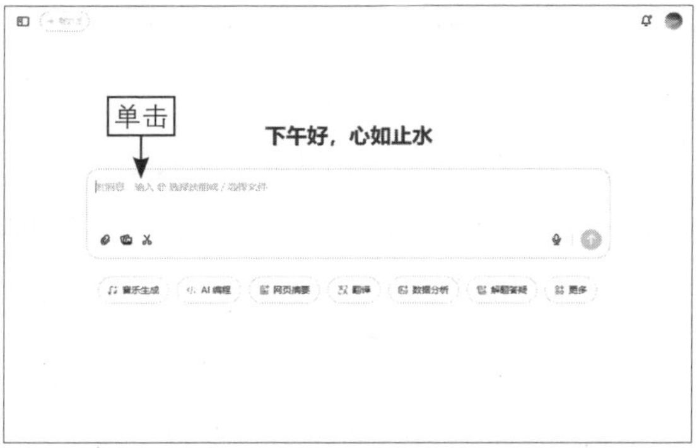

图 3-1　单击提示词输入框

步骤02 在输入框中输入相应的提示词，单击发送按钮，即可获得豆包的回复，相关提示词和回复内容如下。如果用户对豆包生成的内容不满意，可以让豆包重新生成，或者将自己的想法和思路提供给豆包，以便豆包生成符合需求的内容。

提示词

以“虚拟现实在教育领域的潜力”为主题，写一篇科普文章，要求：不超过500字，写作风格为专业又风趣。

豆包

虚拟现实在教育领域的潜力

在科技飞速发展的今天，虚拟现实（Virtual Reality，VR）不再只是游戏里的酷炫体验，它正悄然改变教育领域，展现出巨大潜力。

想象一下，在历史课上，学生戴上VR设备，瞬间穿越到古埃及，亲眼见证金字塔的建造过程，和法老来一场跨越时空的对话；在生物课上，学生能深入细胞内部，探索生命的奥秘，这在以前只能是遥不可及的幻想。

VR打破了传统教育的时空限制。它能把抽象的知识变得直观、立体，让学生沉浸其中，极大地提高学习兴趣。与传统教学相比，这种沉浸式学习的记忆效果更好。学生不再被动地接受知识，而是主动探索，学习效率自然大幅提升……

☆ 专家提醒 ☆

由于本书篇幅原因，AI工具回复的内容只展示要点，详细的回复内容，请看随书提供的效果完整文件。

通过提供清晰的提示词，可以确保豆包生成满足用户需求的高质量内容，减少错误和偏差。当然，要做到这一点，需要注意提示词的准确性和详细性，目标应该清晰明确，涵盖用户所希望生成的内容的主题和要点。

3.1.2 精心构思提示词

扫码看教学视频

在构思提示词的内容时，用户要追求质量而非数量，尽可能提供详细、准确、具有启发性的信息，以激发豆包的创造力。同时，还要避免提供过多的限制性信息，给豆包留下一定的自由发挥空间，相关案例如下。

提示词

主题：用智能家居有哪些好处？

结构：引言、智能家居给人们的生活带来的好处、结论。

豆包

智能家居的好处

引言

在科技飞速发展的今天，智能家居逐渐走进人们的生活。从智能音箱到智能门锁，从智能灯光到智能家电，这些智能家居产品正悄然改变着我们的生活方式。那么，使用智能家居究竟有哪些好处呢？

好处

1. 提升生活的便利性：通过手机App，你可以远程控制家中的各种设备。比如在下班途中，提前打开空调，回到家就能享受舒适的温度；还能远程控制灯光，营造温馨的氛围。此外，智能语音助手可以让你通过语音指令控制家电，无须手动操作，为生活带来极大的便利。

……

通过精心构思提示词的内容，可以更好地激发豆包的创造力，使其生成更高质量的文案内容。在实际使用中，用户可以根据不同的需求和场景，灵活调整提示词的内容，以达到最佳的生成效果。

3.1.3　使用自然语言

扫码看教学视频

自然语言是指人类日常使用的语言，包括口语和书面语。与计算机语言不同，自然语言是人类用来表述问题或需求的方式，几乎所有人都能轻松理解；而计算机语言则是人们为了与计算机进行交互而设计的特定语言，一般人是无法理解的。

在与豆包对话的过程中，用户要尽量使用自然语言来写提示词，避免使用过于复杂或专业的语言。豆包是基于自然语言处理的模型，使用自然语言写的提示词可以让豆包更好地理解用户的需求，并生成自然、流畅的回答，相关案例如下。

提示词

请帮我写5条有吸引力的商品标题文案，商品为[垃圾袋]。

豆包

1. 装十斤都不破！[品牌名]垃圾袋，韧性逆天，提拎超安心！
2. 超大容量一步到位，[品牌名]垃圾袋，家庭垃圾收纳王！
3. 告别频繁换袋！[品牌名]耐用垃圾袋，一周仅需用一个！
4. 一提一拉秒收口，[品牌名]垃圾袋，懒人的厨房救星！
5. 比普通款大3倍！[品牌名]巨无霸垃圾袋，省心囤货必备！

这句提示词通过自然语言的方式，呈现出了明确的任务指示、具体的商品限定、开放的创意激发、简洁的结构设计，以及良好的适应性和灵活性，有效地增强了豆包对任务的理解力，从而提高了生成内容的质量和效率。

用户输入的提示词内容要简洁明了，避免使用过多的词汇或语句。过多的修饰反而会让豆包抓不住重点，从而影响它生成的内容质量。

3.1.4　通过示例引导

扫码看教学视频

用户在提示词中可以给豆包提供一些示例和引导，从而帮助豆包更好地理解需求。例如，用户可以提供一些相关的话题、关键词或短语，或者描述一个场景、故事，以便豆包能够准确捕捉意图并生成符合要求的内容，相关案例如下。

提示词

请将以下简短的情节扩展为一篇600字以内的奇幻冒险小说，要求情节紧凑、奇幻元素丰富、角色鲜明，并在结尾处设置一个意想不到的转折。

情节：莉莉丝，一位生活在偏远山村的少女，自幼便能与森林中的动物们交流。一天，她发现村里的水源突然干涸，而这一切似乎与一只神秘的金色狐狸有关。

豆包

莉莉丝的奇幻冒险

在偏远的山村里，生活着能与动物交流的少女莉莉丝。她的每一天都充满着奇妙的事情，森林里的动物们都是她的好朋友，它们会分享森林深处的秘密，也会在她需要时给予帮助。

然而，平静的生活被打破了。村里的水源突然干涸，村民们陷入了恐慌。莉莉丝决定探寻真相，她进入森林，向动物朋友们打听消息。一只松鼠告诉她，最近有一只神秘的金色狐狸在水源附近出没。

莉莉丝顺着线索找到了金色狐狸。它周身散发着柔和的金光，眼神却透着警惕。莉莉丝尝试与它交流，狐狸开口说自己来自遥远的灵界，这里的水源被一股黑暗力量污染，它是来净化水源的，但力量不够。

莉莉丝决定帮助它。在狐狸的指引下，她们来到水源地。只见原本清澈的泉水变得浑浊不堪，周围弥漫着黑色的雾气。莉莉丝和狐狸齐心协力，施展各自的能力。最终，莉莉丝借助动物们的力量，狐狸则释放出纯净的灵力，经过一番艰苦的战斗，黑暗力量逐渐被驱散……

首先，提示词的起点设定清晰且引人入胜，通过描述“莉莉丝，一位生活在偏远山村的少女，自幼便能与森林中的动物们交流”，构建了一个既神秘又贴近自然的角色背景，使得读者能够迅速代入并产生浓厚的兴趣。莉莉丝的特殊能力，即与动物交流，不仅为其角色增添了独特的魅力，也为后续的故事发展埋下了伏笔。

其次，提示词巧妙地引入了奇幻元素，如“一天，她发现村里的水源突然干涸，而这一切似乎与一只神秘的金色狐狸有关”这一设定，不仅为故事增添了奇幻色彩，还巧妙地设置了悬念，激发了读者对金色狐狸的身份、能力，以及其与水源干涸之间关系的猜测和想象。

再者，提示词明确提出了创作要求，包括“情节紧凑、奇幻元素丰富、角色鲜明，并在结尾处设置一个意想不到的转折”。这些要求既是对内容的规范，也是对豆包创意的激发。它们促使豆包在扩写时，不仅要注重情节的连贯性和逻辑性，还要深入挖掘角色的内心世界，塑造鲜明的角色形象，并巧妙地设置悬念和转折，以确保故事既引人入胜又充满惊喜。

最后，提示词留有足够的创作空间。虽然给出了基本框架和情节线索，但并未限定具体的情节走向、角色命运或故事结局。这种开放式的设定给了豆包极大的自由去构建故事世界、塑造角色性格，以及设计情节转折，从而激发出更加丰富多样的创意火花。豆包可以根据自己的理解和能力，为莉莉丝和金色狐狸设计不同的遭遇和命运，为故事增添独特的色彩和深度。

3.1.5 提供问题引导

扫码看教学视频

用户可以采用问题的形式，提出希望豆包回答或讨论的内容，如“什么是新媒体运营及其应用领域”。注意，问题要明确具体，不要太宽泛，避免“告诉我关于新媒体运营的全部内容”这样过于开放式的问题。另外，用户还可以使用“如何”“为什么”“什么”等提问词来构建提示词，相关案例如下。

提示词

为什么短剧深受观众喜爱?

豆包

短剧深受观众喜爱，主要是基于其在时间成本、剧情节奏、题材内容、观看方式等方面具有独特优势，以下是具体分析。

1. 时间成本低

适应快节奏的生活：在现代社会，人们的生活节奏日益加快，时间变得愈发碎片化。短剧通常每集时长较短，一般在几分钟到十几分钟，观众可以利用碎片化的时间，如在通勤、午休、睡前等时间段轻松观看，无须像观看传统长剧那样投入大量连续的时间，能够在短时间内获得完整的故事体验。

2. 剧情节奏紧凑

（1）快速推进情节：短剧摒弃了传统长剧可能存在的拖沓、冗长的情节设置，以更加紧凑、高效的方式推进故事发展。它往往在短时间内迅速展开冲突、推进剧情、解决问题，每一集都充满了密集的信息和强烈的冲突，让观众始终保持高度的注意力和紧张感。

……

这句提示词的写作技巧在于其直接而明确地提出了一个核心问题——“为什么短剧深受观众喜爱？”这种提问方式直接刺激了受众的好奇心和求知欲，引导他们去思考并期待答案。

问题引导法在此处的应用，不仅限定了讨论的范围和焦点，还能够促使豆包深入地剖析短剧深受观众喜爱的原因，从而提供精准、有针对性的回应。这样的提示词鼓励豆包从多个维度（如时间成本、剧情节奏、题材内容、观看方式、制作成本与周期优势等）进行剖析，确保回应的全面性和深度。

同时，问题本身也隐含了对答案质量的期待，即希望得到的不是表面的、浅显的分析，而是希望豆包能够深入挖掘短视频的魅力，提供有见地、有深度的见解。因此，这种提示词写作技巧在引导豆包精准回应方面表现非常出色。

3.1.6 提供细节信息

用户在提示词中提供具体、详细的细节和信息，可以帮助豆包更好地理解需求，从而生成更准确、具体的回复，相关案例如下。

扫码看教学视频

提示词

春季大促时，我的小红书账号收到了一款名为“晨曦玫瑰”香水的品牌合作邀请，请你依据以下信息为我构思一篇吸引人的推荐笔记。

【气味】：融合了樱花与茉莉的淡雅花香。

【关键词】：春日浪漫、温柔绽放、优雅、女性魅力。

【品牌方要求】：以故事化的软文形式写作笔记，目标受众为成熟知性的职场女性，精准捕捉需求，激发粉丝内心深处的情感共鸣。

豆包

在疲惫的职场，邂逅春日的温柔

最近工作的压力如潮水般涌来，项目的截止日期近在眼前，每日都在数据、方案和会议中周旋，连轴转的日子让我渐渐忘了生活的浪漫滋味。

那天加班到很晚，独自走在空荡的街道上，昏黄的路灯拉长了我的影子。回到家，看到桌上放着一个包装精美的小盒子，是朋友寄来的礼物。打开的瞬间，“晨曦玫瑰”香水的淡雅香气弥漫开来，那一刻，仿佛所有的疲惫都被这一缕芬芳轻轻拂去。

前调的樱花，宛如春日里初绽的希望，带着甜美的气息，瞬间点亮了我内心深处对美好生活的向往。就像我们在职场中，即使面对重重困难，也始终怀揣着对未来的憧憬，勇敢地迎接每一个挑战。

……

这段提示词强调了通过细腻的描述和精准的定位来丰富输出了内容。首先，提示词中明确了“晨曦玫瑰”香水的核心气味——“融合了樱花与茉莉的淡雅花香”，这是构建整篇笔记情感基调的关键，为后续的“春日浪漫、温柔绽放、优雅、女性魅力”等关键词提供了具体载体。

其次，利用“春日浪漫、温柔绽放、优雅、女性魅力”等关键词，进一步细化了香水的特点，并通过情感共鸣的方式吸引职场女性受众。另外，为了满足品牌方的要求，笔记采用故事化的软文形式，通过直击职场女性可能面临的情感痛点，要求豆包用温柔而有力的语言引发她们的共鸣。

3.1.7 确定格式要求

用户可以指定豆包输出的格式要求，可以要求以列表的形式回复、限定字数长度等，以便得到更易于消化的回复，相关案例如下。

扫码看教学视频

提示词

请分别总结出5个线上学习编程课程的优缺点，先介绍优点，再介绍缺点，并用“优点一”“缺点一”的格式进行输出。

豆包

优点一：时间灵活

线上课程不受固定时间限制，学员可根据自己的日程安排，在任何方便的时间学习，能更好地平衡学习、生活与工作。

优点二：资源丰富

网络上编程课程种类繁多，涵盖各种编程语言和不同难度的等级，学员能轻松找到适合自己学习目标和基础的课程。

……

缺点一：缺乏面对面互动

线上学习缺少与老师和同学面对面交流的机会，沟通存在一定的延迟，问题不能及时得到解答，学习氛围也相对较弱。

缺点二：需要较强的自律性

线上学习没有实体课堂的约束，容易受到外界干扰，需要学习者具备较强的自律能力，否则可能出现拖延、学习进度停滞等情况。

……

这句提示词展现了高度的条理性和规范性。首先，通过“请分别总结出5个线上学习编程课程的优缺点”的指令，明确了内容的范围和数量要求，即需要全面而具体地分析线上学习编程课程的两面性，且每面均需涵盖5个要点。

其次，要求“先介绍优点，再介绍缺点”的排列顺序，确保了信息的逻辑性和可读性，让读者能够清晰地跟随用户的思路，先感受到线上学习编程课程的积极面，再理性地思考其存在的不足。

最后，采用“优点一”“缺点一”的格式进行输出，不仅进一步强化了内容的条理性，还使得每一个要点都更加醒目和易于辨识。这种格式化的呈现方式，不仅便于豆包组织思路，也便于读者快速地捕捉关键信息，提高了信息的传递效率。

3.1.8 提供上下文信息

用户可以在提示词中提供足够的上下文信息，以便豆包能够理解你的意图并生成准确的内容，相关案例如下。

扫码看教学视频

提示词

请帮我构思一篇小红书笔记文案，需要涵盖以下要点。

标题：面膜界的隐藏宝藏！

开头：今天入手了一款神奇面膜，简直爱不释手！

高潮：敷完后肌肤嫩得像豆腐，暗沉全都不见了！

要求：语音风趣幽默，情感表达自然，字数控制在600字左右。

豆包

标题：面膜界的隐藏宝藏！

昨天在闺蜜的强烈推荐下，我终于入手了一款据说超级神奇的面膜。拆包裹的那一刻，我就感觉自己仿佛拿到了美容界的秘密武器，心里那个激动啊，简直无法用言语来形容！

这款面膜的包装简约又不失高级感，拿在手里沉甸甸的，让我对接下来的护肤体验充满了期待。打开一看，精华液超多，膜布也是那种超级服帖的材质，感觉每一寸肌肤都能被温柔地呵护着。

敷上面膜的那一刻，一股淡淡的清香扑鼻而来，让人瞬间放松了下来。我躺在沙发上，享受着这难得的宁静时光，仿佛整个世界都安静了下来。

等待的时间总是过得特别快，20分钟后，我取下面膜，照镜子的一瞬间，我简直不敢相信自己的眼睛！肌肤变得水嫩嫩的，好像刚喝饱了水一样，透着光泽。暗沉、疲惫感全都一扫而空，整个人看起来精神多了！

我仔细端详着自己的脸，发现连一些小细纹都淡化了不少，肌肤状态好到爆炸！这效果，简直比打了水光针还要赞！

……

这段提示词强调了文案构建的连贯性和完整性。首先，标题“面膜界的隐藏宝藏”直接设定了产品的地位，为整篇笔记奠定了高调的基调；接着，在开头部分，“今天入手了一款神奇面膜，简直爱不释手”，不仅引入了产品，还通过“神奇”一词增添了神秘感和期待值，同时“简直爱不释手”直接表达了初步的使用感受，为后文的高潮部分做了铺垫。

为了确保逻辑连贯，高潮部分“敷完后肌肤嫩得像豆腐，暗沉全都不见了”需要与前文紧密相连。这里的“敷完后”自然承接了开头的使用行为，而“暗沉全都不见了”则是对产品效果的具体描述，既验证了开头的“神奇面膜”，又进一步加深了产品的吸引力。

另外，提示词中的“语音风趣幽默，情感表达自然”是对文案风格的要求，旨在通过轻松有趣的语言表达真挚的使用感受，使内容更加贴近读者，增强共鸣。而“字数控制在600字左右”则是对文案篇幅的具体要求，有助于豆包在创作时保持内容的精炼和聚焦。总之，通过在提示词中补充适当的上下文信息，能够确保豆包生成内容的每个部分之间的逻辑连贯。

☆ 专家提醒 ☆

在写好提示词后，用户还需要进行测试和调整，可以多次尝试使用豆包进行回答，观察它生成的答案是否符合预期，从而判断是否需要对提示词进行调整。

3.1.9　运用肯定的语言

扫码看教学视频

在提示词中运用肯定的语言，可以最大限度地激发豆包的正面回应，提高提示词的有效性，从而让豆包生成更符合要求的结果，相关案例如下。

提示词

你非常擅长提供美食推荐，请根据我的口味为我推荐几道适合素食主义者的美食食谱。

我的口味偏好：我喜欢尝试新鲜的食材组合，偏爱清淡少油的食物，不喜欢过于辛辣或油腻的菜品。

豆包

以下是几道适合素食主义者的美食食谱，符合清淡少油、新鲜食材组合的特点。

1. 橙汁浇马蹄

食材：马蹄适量、橙子2～3个、薄荷叶少许。

做法：

（1）将马蹄去皮后，用高压锅煮5分钟，捞出备用。

（2）将橙子榨汁，然后用细网过滤掉果肉纤维。

（3）将马蹄整齐地摆放在盘中，浇上清透的橙汁，最后点缀一片薄荷叶。

2. 素炒紫菜苔
食材：紫菜苔适量、生姜适量、干辣椒（可少放或不放）。
做法：
（1）将紫菜苔根部皮较硬的部分去掉，然后掰成小段。
（2）往锅中倒油，油热后放入生姜丝和干辣椒炒香。
（3）加入紫菜苔，开大火快速翻炒，快出锅时适量加盐调味。
3. 山药西芹炒木耳
……

这段提示词采用了积极正面的表达方式，同时对豆包的能力进行了认可。首先，“你非常擅长提供美食推荐”这句话，直接对豆包的能力给予了高度评价，这种肯定性的语言能够激发豆包的积极性，使其更愿意投入精力去完成任务。

接着，在描述个人喜好时，也采用了积极、明确的语言来表达需求，如“喜欢尝试新鲜的食材组合”“偏爱清淡少油的食物”“不喜欢过于辛辣或油腻的菜品”等，这些表述不仅清晰地传达了个人偏好，还隐含了对推荐的美食品质的期待，从而引导豆包朝着符合这些积极标准的方向去思考和推荐。

整段提示词通过肯定豆包的能力和积极表达个人需求，营造了一种积极、合作的氛围，有助于激发豆包产生积极回应，并努力提供符合期望的推荐。

3.1.10 假设身份提问

扫码看教学视频

用户可以假设一个角色身份并提出问题，这样可以为豆包提供更明确的情境。需要注意的是，身份设置要具体和明确，如学生、医生、客户等，避免过于泛泛的身份设置。同时，背景情境要尽量描述充分，帮助豆包更好地理解该身份的视角。另外，身份的请求要尽量用第一人称表达，增加代入感和逼真度，相关案例如下。

提示词

我有多年从事行政管理工作的经验，最近转岗成为项目经理，但在新岗位上感到许多不适应，尤其是在项目规划和团队协调方面感觉力不从心，工作效率也不如从前。请根据我的现状，推荐一些能够帮助我提升项目管理和团队协作技能的方法。

豆包

从行政管理转岗到项目经理，确实会面临一些挑战，以下是一些提升项目管理和团队协作技能的方法。
一、提升项目管理技能

> 1. 学习项目管理知识
> （1）阅读专业书籍：如《××××××》，它是项目管理领域的权威著作，涵盖了项目管理的十大知识领域和五大过程组；还有《××××××》，以通俗易懂的方式介绍了项目管理的实用技巧和方法。
> （2）参加培训课程：可以报名线上或线下的项目管理培训课程，系统地学习项目管理的理论知识和方法工具，如项目管理专业人士（Project Management Professional，PMP）认证培训课程等，通过培训不仅能获取知识，还能与其他学员交流经验。
> 2. 制订详细的项目计划
> （1）明确目标与范围：在项目启动阶段，与相关方充分沟通，明确项目的目标、可交付成果和工作范围，避免项目过程中的范围蔓延。可以采用工作分解结构（WBS）将项目分解为具体的、可管理的工作包，明确每个工作包的任务、负责人和时间节点……

这段提示词首先通过设定一个具体的角色身份——“我有多年从事行政管理工作的经验，最近转岗成为项目经理”，这一背景信息立刻构建了一个鲜活的人物形象，使豆包能够迅速代入到这个身份的情境中，理解其独特的挑战和困境。

接着，通过详细描述该身份当前面临的问题——“在新岗位上感到许多不适应，尤其是在项目规划和团队协调方面感觉力不从心，工作效率也不如从前”，进一步加深了场景的真实感和紧迫感，使得后续的提问和建议都更加具有针对性和实用性。

通过这种假设身份提问的方式，不仅增强了提示词的场景代入感，还使得豆包在生成回应时能够更加贴近用户的需求和心理，从而提供更加贴心和有效的建议。

3.2　AI智能办公提示词编写的高级技巧

在掌握了AI智能办公提示词编写的基础技巧后，进一步提升提问的艺术与效率，是每个用户从新手迈向专家的重要步骤。本节将介绍6个高级的AI智能办公提示词编写技巧，旨在帮助大家更有效地利用豆包完成各种工作任务。

3.2.1　开门见山：直接问

扫码看教学视频

在编写豆包的提示词时，“直接问”是一种高效且实用的策略，其核心在于通过简洁、直接的语言表达自己的需求，确保豆包能够迅速而准确地理解并回应，相关案例如下。

提示词

请告诉我明天重庆的天气预报。

豆包

根据最新的天气预报，明天重庆预计有小雨，气温为6℃～9℃，湿度77，东南风1级。

这句提示词简洁明了，直接询问了用户最关心的信息“明天重庆的天气情况”，没有多余的描述或背景。这样的提示词直接指向目标，让豆包能够快速响应。

遵循“直接问”的策略，用户可以有效地提高与豆包的沟通效率，确保自己的需求得到准确、快速的回应。同时，这也能够减少因误解或歧义而导致的错误和不必要的重复工作。

3.2.2 细化问题：精准问

扫码看教学视频

在编写豆包的提示词时，采用“精准问”策略至关重要，这意味着用户需要对问题进行细致的划分和明确的表述，以确保豆包能够准确理解用户的意图，并给出符合预期的答案，相关案例如下。

提示词

我需要你为我生成一份关于“数字化转型对中小企业竞争力影响”的研究报告，报告应包含引言、现状分析、影响评估、应对策略和对未来的展望5个部分，请确保报告中的数据准确、来源可靠，并附上参考文献列表。

豆包

一、引言

1.1 研究背景与意义

在当今时代，数字化转型已成为全球经济发展的重要趋势，深刻地改变着企业的运营模式、市场竞争格局，以及人们的生活方式。随着信息技术的迅猛发展，大数据、人工智能、云计算、物联网等新兴技术不断涌现，并广泛应用于各个行业领域，为企业的发展带来了前所未有的机遇和挑战。

中小企业作为经济发展的重要力量，在促进就业、推动创新、增加税收等方面发挥着不可或缺的作用。然而，在数字化转型的浪潮中，中小企业面临着诸多困境。一方面，相较于大型企业，中小企业在资金、技术、人才、管理等方面存在明显的劣势，数字化转型的基础较为薄弱，实施难度较大；另一方面，市场竞争的日益激烈和消费者需求的快速变化，又迫使中小企业必须加快数字化转型的步伐，以提升自身的竞争力，适应市场的发展需求。
研究数字化转型对中小企业竞争力的影响具有重要的现实意义和理论价值。从现实意义来看，有助于中小企业深入了解数字化转型的内涵和价值，明确自身在数字化转型过程中存在的问题和不足，从而有针对性地制定数字化转型战略和措施，提升企业的竞争力，实现可持续发展；对政府部门而言，能够为其制定相关政策提供参考依据，引导和支持中小企业数字化转型，促进产业升级和经济结构调整；从行业发展角度来看，也能为行业协会和其他组织提供决策支持，推动行业整体数字化水平的提升。从理论价值来讲，本研究将丰富和完善数字化转型与企业竞争力的相关理论，为后续研究提供新的思路和方法。
1.2 研究目的与方法
……

“精准问”的提示词撰写策略主要是通过细化问题来减少误解的，相较于“我需要你为我生成一份关于‘数字化转型对中小企业竞争力影响’的研究报告”这样简单直接的指令，使用上述提示词能更精确地引导豆包，确保豆包给出的回答更加准确、全面和符合用户的期望。

☆ 专 家 提 醒 ☆

下面是“精准问”的提示词撰写技巧。

❶ 明确范围与边界：在提问时，应清晰地界定问题的范围、边界和限制条件。例如，如果要求豆包生成一篇报告，应明确指出报告的主题、长度、格式要求等具体细节，避免豆包在创作过程中偏离方向。

❷ 细化问题要素：将大问题拆分成多个小问题，并对每个小问题的要素进行细化，这样做有助于豆包更好地理解问题的复杂性和深度。

❸ 使用具体词汇：避免使用模糊或泛指的词汇，而应选择具体、明确的词汇来表述问题。例如，用“具体日期”代替“近期”，用“详细步骤”代替“怎么做”等，这样可以使豆包更容易把握问题的实质，并给出具体的回应。

❹ 考虑多种可能性：对于可能存在多种答案或解决方案的问题，应提前考虑到并明确指出来。例如，在询问某个决策的影响时，可以分别询问正面影响和负面影响，以便豆包能够全面地评估并给出回答。

❺ 提供背景信息：如果问题涉及特定的背景或情境，应在提问时提供足够的背景信息，这有助于豆包更好地理解问题的上下文和背景，从而给出更加符合实际情况的回答。注意，这里的背景信息应简洁明了，避免引入不必要的复杂性。

❻ 检查歧义点：在编写完提示词后，应仔细检查是否存在可能引起歧义的词汇或短语。如果发现潜在的歧义点，应及时进行修改或补充说明，以确保豆包能够准确理解并回应问题。

3.2.3 具体明确：指令式提问

采用“指令式提问”的提示词撰写策略，能够显著提升豆包的工作效率和回复结果的准确性。“指令式提问”策略强调在提问时直接给出明确的操作指令，让豆包能够迅速理解并执行相应的任务，相关案例如下。

扫码看教学视频

提示词

请根据我提供的关键词（远程医疗、健康监测设备、数据分析），编写一段介绍这些技术在改善公共健康管理方面重要性的段落，不超过200字。

豆包

在提升公共健康管理水平的进程中，远程医疗、健康监测设备与数据分析发挥着关键作用。健康监测设备可实时收集个人的心率、血压等健康数据，将原本分散的健康信息整合起来。远程医疗借助网络打破地域限制，使偏远地区的患者也能获得优质诊疗服务。数据分析则对海量健康数据深度挖掘，帮助医疗机构及时发现疾病趋势，制定科学防控策略，全方位守护公众健康。

在上述提示词中，首先要求豆包根据给定的关键词（远程医疗、健康监测设备、数据分析）进行创作，这种明确的指令使得豆包能够迅速理解任务的核心要求；其次，通过“编写一段介绍这些技术在改善公共健康管理方面重要性的段落”这一描述，进一步明确了创作的具体内容，即需要对这些技术在改善公共健康管理方面的重要性进行阐述。

最后，通过“不超过200字”的限制，设定了创作的字数范围，这一具体参数有助于豆包在生成回复时更加精准地控制内容长度，避免冗长或过于简略。

☆ 专家提醒 ☆

下面是“指令式提问”的提示词撰写技巧。

❶ 任务导向：明确用户想要豆包执行的具体任务，将任务以操作指令的形式清晰地表述出来，避免使用模糊或含糊的语言。例如，“请将以下文本翻译成英文”，而不是“你能帮我处理一下这段文字吗”。

❷ 具体步骤：如果任务较为复杂，可以将其分解为多个具体的步骤，并为每个步骤提供明确的操作指令。例如，在要求豆包生成一份报告时，可以分别给出收集数据、分析数据、撰写初稿、修改润色等步骤的指令。

❸ 参数设定：为豆包设定明确的参数，包括格式、长度、风格、主题等，以确

保其输出符合特定要求。例如，“请生成一篇500字左右的新闻稿，以正面角度报道××事件，采用正式文体”。

❹ 条件限制：在提示词中明确限制条件，如时间范围、数据来源、排除项等，以避免豆包产生不符合期望的结果。例如，“请查找过去一年内关于××技术的最新研究成果，但排除掉已经过时的或未经验证的论文”。

❺ 优先级排序：如果任务中包含多个子任务或要求，可以为它们设定优先级排序，这样豆包在执行任务时会先处理优先级高的部分，再逐步完成其他部分，有助于确保关键任务得到及时且有效的处理。

3.2.4　规范结构：模板化引导

在编写豆包的提示词时，采用“模板化引导”策略是一种高效且有序的方法，它通过预设的模板来规范豆包的输出格式和内容结构，确保结果的统一性和可预测性。同时，“模板化引导”策略也为后续的内容管理和利用提供了便利，相关案例如下。

扫码看教学视频

提示词

请按照以下模板生成关于新型纳米材料在电池电极中的应用研究的科研项目结题报告。
科研项目概述：简述项目背景、目标和意义。
研究方法
需求分析：详细描述研究的需求，包括理论依据和实际应用场景。
设计方案：概述研究的设计思路和实验方案。
实施过程：列出实验过程中的关键步骤、使用的材料和技术。
成果展示：通过图表、数据等方式展示研究成果。
问题与挑战：总结在项目实施过程中遇到的问题和解决方案。
总结与展望：对项目进行总结，并对未来的研究方向提出建议。
请确保报告内容翔实、条理清晰，并附上必要的附件和参考文献。

豆包

新型纳米材料在电池电极中的应用研究结题报告
科研项目概述
随着电子设备和电动汽车的快速发展，对高性能电池的需求日益增长。传统电池电极材料在能量密度、充放电速率等方面逐渐难以满足需求，因此开发新型电极材料成为研究热点。本项目旨在研究一种新型纳米材料，将其应用于电池电极，提高电池的能量密度和充放电性能。
若研究成功，有望推动电池技术的进步，应用于电动汽车、移动电子设备等领域，提升其续航能力和使用体验，具有重要的经济和社会价值。

研究方法
需求分析如下。
理论依据：新型纳米材料因其独特的纳米尺寸效应，在理论上能够提供更多的活性位点，促进电池反应动力学，提高电池性能。
实际应用场景：主要应用于电动汽车，提高其续航里程；以及移动电子设备，缩短充电时间，延长电池使用寿命。
设计方案如下。
设计思路：通过对不同纳米材料的筛选和改性，设计出适合电池电极的材料结构，以优化电池性能。
……

这段提示词利用了一个范例模板来规范科研项目报告的输出结构，明确了报告应包含的主要部分和各部分的具体要求，从而有助于豆包生成结构清晰、内容完整的项目报告。

☆ 专家提醒 ☆

下面是“模板化引导”的提示词撰写技巧。

❶ 定义模板结构：首先根据任务需求定义一个清晰、具体的输出模板，这个模板应该包括所有必要的部分和顺序，比如引言、主体内容、结论、参考文献等（可根据具体的任务进行调整）。同时，模板的设计应确保信息完整、逻辑清晰、易于理解。

❷ 明确各部分的要求：在模板中，为每个部分设定明确的要求和指南。例如，在主体内容部分，可以指定需要包含的关键点、使用的语言风格、数据展示方式等。这些要求将帮助豆包在生成内容时保持一致性，并符合预期标准。

❸ 提供示例模板：为了更直观地展示模板的使用方式，可以提供一两个示例模板。这些示例模板可以是之前成功使用的案例，也可以是针对当前任务特别设计的。通过示例模板，豆包可以更好地理解模板的结构和要求，并据此生成符合规范的输出。

❹ 引导豆包填充模板：在编写提示词时，明确指示豆包按照模板结构进行内容填充。用户可以通过特定的指令或标记来引导豆包识别模板的各个部分，并相应地生成或插入内容。例如，可以使用特定的标记来分隔模板的不同部分，或者在提示词中明确指出“请按照以下模板结构生成内容”。

❺ 灵活调整模板：虽然模板化引导有助于规范输出结构，但在实际应用中也需要保持一定的灵活性。根据任务的具体需求和豆包的生成能力，可以适时地对模板进行调整和优化。

3.2.5 总结信息：整合式提问

扫码看教学视频

用“整合式提问”策略编写的提示词，可以显著提高豆包的回复效果，因为它通过将多个相关问题整合到一段提示词中，从而减少了重复提问，有助于提高生成效率，相关案例如下。

提示词

请为我完成以下任务。

1. 收集近一个月内关于“5G技术在远程办公中的应用”的最新研究报告，并提炼出每篇报告的主要观点和结论。

2. 基于收集到的信息，分析5G技术在远程办公领域的主要应用场景和潜在的挑战。

3. 针对每个应用场景，提出至少两项改进建议，并简要说明其可行性和预期效果。

4. 最后，将以上内容整合成一篇500字左右的短文，用于公司内部简报，要求语言简洁明了、重点突出。

豆包

5G技术在远程办公中的应用分析

近期研究报告显示，5G技术凭借高速率、低时延、大连接的特性，为远程办公带来了变革。其高速率让视频会议、文件传输更流畅，低时延提升了实时交互响应速度，满足了多人协作需求。

5G技术在远程办公的主要应用场景有：高清视频会议，实现团队实时沟通协作；云端办公，员工可随时随地访问数据与程序，提升灵活性；智能办公，结合AI、大数据实现智能化办公，如日程管理、数据分析等。

然而，5G远程办公也面临潜在的挑战。一是网络安全问题，数据传输易遭攻击，企业需加强数据加密与访问控制；二是设备兼容性，部分老旧设备难以适配5G，可能影响使用体验。

针对应用场景的改进建议如下：对于高清视频会议，增加实时字幕与语言翻译功能，可行性高，能提升跨国交流效率；采用智能降噪技术，可优化会议音频质量。在云端办公方面，建立多级数据备份机制，保障数据安全，企业易于实施；开发离线缓存功能，提升网络不稳定时的办公体验。在智能办公领域，引入个性化工作流定制，提高工作效率；加强AI助手的自然语言处理能力，增强人机交互体验。

……

在这个案例中，通过“整合式提问”策略，在一段提示词中综合了多个请求，包括信息收集、分析、建议提出和文章撰写等。这种方式不仅减少了重复提问的次数，还提高了豆包处理任务的效率，从而更快地获得所需的结果。

在提问之前，用户可以先对需要豆包处理完成的任务或回答的问题进行全面规划，识别出所有相关的子任务或子问题，并思考它们之间的逻辑关系，如先后顺序、依赖关系等。

然后将多个相关的子任务或子问题合并为一段整合的提示词。在合并时，要注意保持逻辑清晰，使用合适的连接词或标点符号来分隔不同的部分。如果可能的话，可以采用结构化格式来组织整合提示词。例如，使用列表、表格或分点的方式来呈现不同的请求或问题，这样可以使豆包更容易理解和处理。

3.2.6 激发创意：创新式探索

采用“创新式探索”策略编写的提示词，能够激发豆包以非传统的方式思考，鼓励其生成独特、新颖的见解和解决方案。这种策略强调跳出常规框架，勇于尝试不同的方法和思路，以激发创意的火花，相关案例如下。

扫码看教学视频

提示词

请运用你的创造力和想象力，结合对未来的幻想与历史文化元素，为我构思一个独一无二的故事。在这个故事中，高度发达的人工智能与古老文明的智慧相互交织，现代社会的人类与来自过去的灵魂共处于一个既现代又充满历史韵味的世界。在这个世界里，科技与传统艺术共同繁荣，城市景观中既有摩天大楼也有古老的庙宇。

你的任务是探索这样一个世界中的日常生活、社会结构及文化冲突。故事可以围绕着一位年轻的艺术家展开，他/她试图通过融合古代技艺与现代技术来创作前所未有的艺术品。这位艺术家不仅要面对来自保守派对传统的坚守，还要应对那些认为应彻底抛弃过去、全力追求未来的极端分子的挑战。

你不需要遵循传统的叙事方式，鼓励大胆创新，深入探讨个人身份认同、文化遗产保护与现代科技发展之间的紧张关系。我希望看到一个不仅令人惊喜且发人深省的故事，它还能够激发关于如何平衡进步与传承之间关系的深刻思考，并带给读者深刻的启示和反思。

豆包

当科技邂逅传统：未来世界的艺术探索

在3050年的大都会星耀城，科技与历史的融合已成为日常。高耸入云的量子信息塔旁，古老的东方庙宇静静矗立，缭绕的香烟与空中飞驰的反重力飞行器相映成趣。城市的街头巷尾，智能机器人与身着传统服饰的人们擦肩而过，人工智能助手为人们提供最新资讯，同时街头艺人演奏着千年传承的古老乐曲。

林羽，一位年轻的艺术家，就生活在这个独特的世界。他痴迷于将古老的绘画技艺与最新的虚拟现实、增强现实技术相结合，创作出跨越时空的艺术作品。在他的工作室里，摆满了古老的画笔、颜料，以及最先进的全息投影设备和神经感应创作手套。

林羽的最新作品《时空之舞》，灵感来源于古老的敦煌壁画和现代的天体物理学。他计划通过全息投影技术，让古老壁画中的飞天在现代城市的夜空中翩翩起舞，同时融入宇宙星系的动态变化，展现宇宙与人类文明的和谐共生。
然而，林羽的创作之路并非一帆风顺的。传统艺术保护协会的会长陈老，坚决反对他将古老的艺术“数字化”“科技化”。陈老认为，古老艺术的精髓在于其手工绘制的质感和历史沉淀的韵味，一旦与科技结合，就会失去其灵魂。“这些古老的壁画是我们祖先的心血，它们承载着千年的文化，怎能被这些冰冷的机器随意篡改？”陈老愤怒地指责道。
……

在这个案例中，通过设定开放式问题、引导非传统思维、结合跨界元素等方式，鼓励豆包进行创新式探索。提示词中明确表达了希望豆包打破常规、激发创意的意愿，并给出了具体的创作方向和要求。这种方式有助于豆包生成独特、新颖的创意作品，满足用户的期待。

☆ 专家提醒 ☆

用户可以提出开放式问题，鼓励豆包从多个角度进行思考，不拘泥于传统答案或既定框架。问题应足够宽泛，以便豆包能够自由发挥，探索未知领域。用户还可以在提示词中明确表达希望豆包采用非传统、非线性的思考方式，同时可以通过使用鼓励性语言、提出假设性场景或设置矛盾点来引导豆包跳出常规思维。

另外，“创新式探索”技巧还可以鼓励豆包将不同领域的知识、概念或技术结合起来，创造出新颖的提示词组合，这有助于打破行业壁垒，激发新的创意灵感；或者鼓励豆包进行实验性尝试，即使这些尝试可能不成功或不符合常规，通过不断试错和迭代，豆包可以发现新的可能性和创新点。

3.3　本章小结

本章首先介绍了撰写AI智能办公提示词的基础技巧，包括明确目标、精心构思、使用自然语言、通过示例引导等，旨在提高提示词的有效性和准确性；然后介绍了撰写AI智能办公提示词的高级技巧，如开门见山直接问、细化问题精准问、具体明确的指令式提问等，以进一步提升提示词的针对性和创新性。这些技巧共同构成了高效编写AI智能办公提示词的知识体系。

3.4 课后实训

鉴于本章知识的重要性，为了帮助读者更好地掌握所学知识，本节将通过课后实训，帮助读者进行简单的知识回顾和补充。

扫码看教学视频

实训任务：根据本章所讲述的知识，任选一种AI智能办公提示词撰写技巧，用豆包生成一篇小红书笔记，相关案例如下。

提示词

夏日特惠季，我的小红书主页迎来了一款叫作“月光珊瑚”护肤品的品牌合作契机，请你根据以下细节为我创作一篇具有吸引力的种草笔记。

【产品特色】：蕴含海藻精华与薰衣草舒缓成分，带来清凉舒缓的护肤体验。

【关键词】：夏日清新、舒缓修复、高雅、自然之美。

【品牌合作要点】：采用情景融入的叙述风格，定位核心群体为追求生活品质的都市白领女性，精准把握其心理需求，触动粉丝内心细腻的情感角落。

豆包

夏日救星 | 邂逅月光珊瑚，解锁肌肤的清凉舒缓密码

夏日炎炎，身为都市白领的我们，每天在写字楼与烈日之间奔波，肌肤不仅要承受空调房的干燥，还要抵御紫外线的侵袭，真的太“南”了！

直到我遇见了这款“月光珊瑚”护肤品，简直开启了我的夏日护肤新篇章。

当我第一次使用它，那种清凉舒缓的感觉，就像在燥热的夏日跳进了一片清凉的海藻海。它里面蕴含的海藻精华，能快速为肌肤补充水分，让肌肤喝饱水，变得水嫩有光泽。而薰衣草舒缓成分，更是像一位温柔的安抚者，轻轻抚平肌肤的小情绪，泛红、干痒等问题都渐渐消失不见，给肌肤带来全方位的舒缓修复。

每次用它护肤，都像是给自己一场奢华的肌肤SPA（水疗美容），在忙碌的生活中寻得片刻宁静与放松。这种将自然之美融入护肤的理念，真的太戳我这个追求品质生活的心了。

它的包装设计也尽显高雅，放在梳妆台上，就像一件精致的艺术品，每天看到它心情都变得超级好。

追求生活品质的都市白领姐妹们，不妨在这个夏日，让“月光珊瑚”成为你肌肤的贴心伙伴，一起开启这场清凉舒缓的护肤之旅吧！

#夏日清新#舒缓修复#月光珊瑚#高雅护肤#自然之美

【DeepSeek篇】

第 4 章

DeepSeek 手机版的核心功能

DeepSeek手机版作为一款集智能与便捷于一体的应用，其核心功能旨在为用户提供全面而高效的信息处理体验。本章将深入探讨DeepSeek手机版的基础功能与常用功能，展现其作为一款智能助手的强大实力，并帮助用户进一步提升工作效率。

4.1　DeepSeek手机版的基础功能

DeepSeek手机版以其强大的功能，为用户带来了前所未有的智能交互体验。这些功能设计得既直观又高效，旨在满足用户多样化的信息处理需求。本节将对DeepSeek手机版的基础功能进行深入介绍。

4.1.1　开启新对话

扫码看教学视频

在DeepSeek手机版的基础功能中，开启新对话是至关重要的一项。它是用户与DeepSeek建立联系的桥梁，也是信息交流和思想碰撞的起点。无论是寻求帮助、分享想法，还是探索新知识，用户只需简单操作即可轻松开启与DeepSeek的新对话，具体操作方法如下。

步骤 01 在DeepSeek App的对话界面，点击界面下方的“开启新对话”按钮，如图4-1所示。

步骤 02 执行操作后，即可开启一个新的对话，在下方的提示词输入框中，输入相应的提示词，如图4-2所示。

图 4-1　点击“开启新对话”按钮

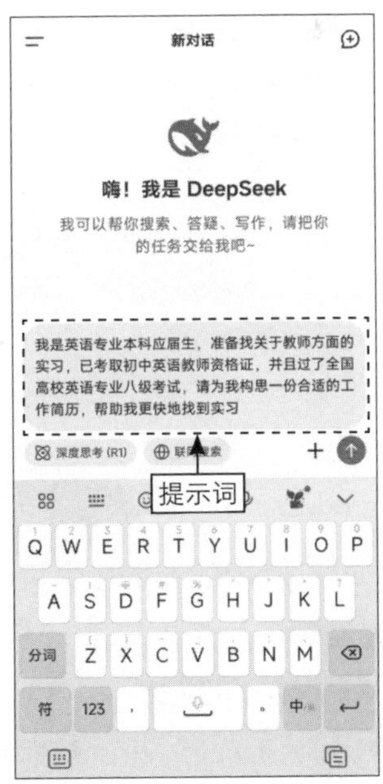

图 4-2　输入相应的提示词

步骤 03 点击 按钮，即可将提示词发送给DeepSeek，DeepSeek会根据要求生成所需的内容，相关提示词和回复内容如下。

提示词

我是英语专业本科应届生，准备找关于教师方面的实习岗位，已考取初中英语教师资格证，并且通过了全国高校英语专业八级考试，请为我构思一份合适的工作简历，帮助我更快地找到实习岗位。

DeepSeek

[你的姓名]

你的电话号码：　　邮箱：　　微信：　　QQ：　　求职意向：初中英语教师实习岗位

一、教育背景

你的大学名称：　　你的专业名称：　　学历：　　入学时间—毕业时间

1. 主修课程：英语语言学、英语教学法、英美文学、英语写作、英语翻译等

2. 已通过全国高校英语专业八级考试（TEM—8）

3. 已考取初中英语教师资格证

二、教学相关经历

1. 实习/兼职单位名称、英语助教、开始时间—结束时间

（1）协助主讲老师进行课堂教学，包括备课、批改作业、辅导学生等

（2）组织并参与英语角活动，提高学生口语表达能力

（3）根据学生个体差异进行针对性辅导，帮助学生提升英语成绩

2. 学校/机构名称、英语家教、开始时间—结束时间

（1）为[年级]学生提供一对一英语辅导，辅导内容包括[具体内容，例如：语法、词汇、阅读、写作等]

（2）根据学生的学习情况制订个性化的学习计划，并定期进行学习效果评估

（3）帮助学生培养良好的英语学习习惯，提高学习兴趣

三、校园活动

……

4.1.2 使用“深度思考”模式

扫码看教学视频

用户可以使用DeepSeek手机版的“深度思考”模式，以便DeepSeek对用户的提问进行深度思考，从而生成更加有深度和专业性的回复。下面介绍使用DeepSeek“深度思考”模式的操作方法。

步骤 01 在DeepSeek手机版的“新对话”界面，点击界面下方的“深度思考（R1）”按钮，开启后，该按钮会变成蓝色，如图4-3所示。

步骤 02 在输入框中，输入相应的提示词，用于指导DeepSeek生成特定的内容，如图4-4所示。

图 4-3　点击“深度思考（R1）”按钮

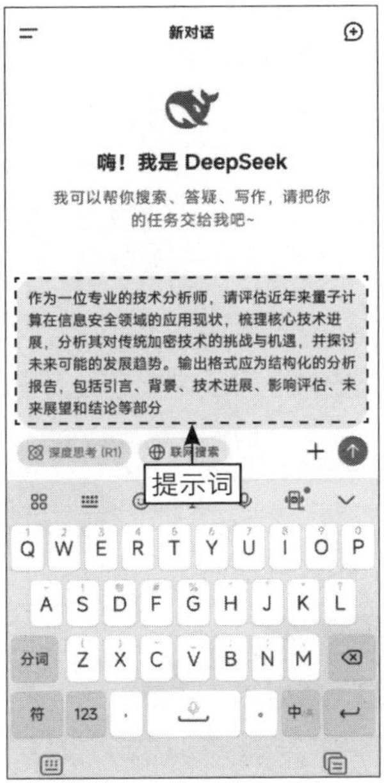

图 4-4　输入相应的提示词

步骤 03 点击⬆按钮，即可将提示词发送给DeepSeek，DeepSeek会根据要求生成所需的内容，相关提示词和回复内容如下。

提示词

作为一位专业的技术分析师，请评估近年来量子计算在信息安全领域的应用现状，梳理核心技术的进展，分析其给传统加密技术带来的挑战与机遇，并探讨未来可能的发展趋势。输出格式应为结构化的分析报告，包括引言、背景、技术进展、影响评估、对未来的展望和结论等部分。

DeepSeek

量子计算在信息安全领域的应用现状与发展趋势分析报告

一、引言

量子计算凭借其并行计算与量子叠加特性，正在重塑信息安全的底层逻辑。其对传统加密体系的潜在威胁与新型安全技术的赋能作用，已成为学术界和产业界关注的焦点。本报告从技术进展、挑战与机遇、未来趋势等维度，系统分析量子计算在信息安全领域的影响。

二、背景

1. 传统加密技术的依赖

（1）当前主流公钥加密算法（如RSA、ECC）基于大数分解或离散对数难题，均可能被量子算法（如Shor算法）高效破解。

（2）对称加密（如AES）虽受Grover算法威胁，但可通过增加密钥长度缓解风险。

2. 量子计算发展现状

（1）量子霸权初步验证（如谷歌2019年实验），但实用化量子计算机仍需突破纠错与规模化瓶颈。

（2）量子通信（如QKD）已在特定场景商业化应用。

……

4.1.3 使用“联网搜索”模式

扫码看教学视频

DeepSeek手机版的“联网搜索”模式允许用户通过输入相关的问题或描述，快速收集到最新消息，从而满足用户的信息查询与收集的需求。下面介绍使用DeepSeek“联网搜索”模式的操作方法。

步骤01 在DeepSeek手机版的“新对话”界面，点击界面下方的“联网搜索”按钮，开启后，该按钮会变成蓝色，如图4-5所示。

步骤02 在提示词输入框中，输入相应的提示词，用于指导DeepSeek生成特定的内容，如图4-6所示。

图4-5 点击“联网搜索”按钮

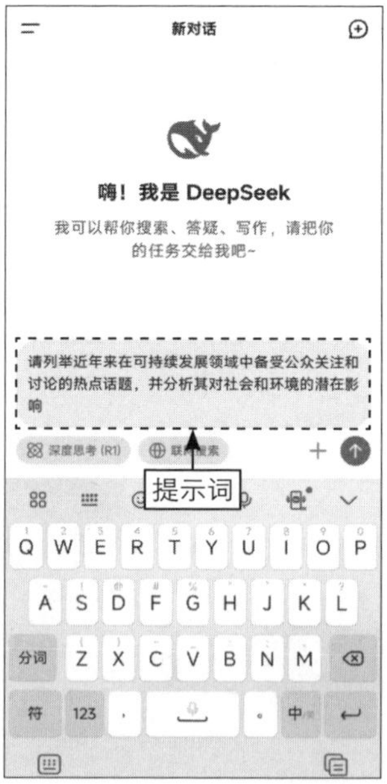

图4-6 输入相应的提示词

步骤03 点击按钮，即可将提示词发送给DeepSeek，DeepSeek会根据要求生成所需的内容，相关提示词和回复内容如下。

提示词

列举近年来在可持续发展领域备受公众关注和讨论的热点话题，并分析其对社会和环境的潜在影响。

DeepSeek

近年来，随着全球气候变化加剧、政策推动和技术进步，可持续发展领域的热点话题呈现多元化发展趋势。下面结合最新研究和实践，梳理了备受关注的核心议题及其对社会和环境的潜在影响。

一、绿色转型与可再生能源加速发展

1. 核心内容：全球能源结构向可再生能源转型的步伐加快，风能、太阳能等清洁能源占比提升，同时电网基础设施升级成为关键。中国在风电领域的部署规模居全球前列，欧盟、拉丁美洲等地区也在推进分布式能源（如电动汽车储能系统）的应用。

2. 潜在影响。

（1）环境：减少化石能源依赖，降低碳排放，助力实现《巴黎协定》温控目标。

（2）社会：推动新能源产业链发展，创造就业机会，但需平衡传统能源行业转型带来的经济冲击。

二、企业“净零排放”目标与气候行动

1. 核心内容：企业设定科学碳目标（SBTi）和范围3（供应链）碳排放核算成为主流。2025年中国将出台覆盖全经济领域的国家自主贡献方案，国际净零标准逐步完善。

……

4.1.4 使用“拍照识文字”功能

扫码看教学视频

“拍照识文字”功能是一种便捷的信息获取方式，用户只需用手机拍摄图片，如文字段落、物体细节等，DeepSeek即可自动识别相关信息，快速返回相关解答或资料。该功能结合了图像识别与搜索引擎技术，极大地提升了问题解决的效率，尤其适用于提取文字、解答专业问题或快速获取实物信息等，是学习与工作中不可或缺的智能助手。下面介绍使用“拍照识文字”快速提取信息的操作方法。

步骤01 进入“新对话”界面，在输入框下方点击**+**按钮，如图4-7所示。

步骤02 展开相应的面板，点击“拍照识文字”按钮，如图4-8所示。

步骤03 进入拍摄界面，对准需要拍摄的内容，点击界面下方的“拍照”按钮，如图4-9所示。

图 4-7　点击相应的按钮

图 4-8　点击“拍照识文字”按钮

图 4-9　点击“拍照”按钮

步骤 04 执行操作后，即可完成拍照，点击右下角的按钮，如图4-10所示。

步骤 05 稍等片刻，即可将拍到的照片上传，如图4-11所示。

步骤 06 在输入框中输入相应的提示词，指导AI提取图片文字，如图4-12所示。

图 4-10　点击相应的按钮

图 4-11　上传拍到的照片

图 4-12　输入相应的提示词

步骤07 点击发送按钮，即可获得AI的回复，相关提示词和回复内容如下。

提示词

提取图片中的文字信息。

DeepSeek

根据提供的图片内容，以下是提取的文字信息。

第1章

15种剪辑技巧：随心所欲剪出片段

如今，短视频的剪辑工具越来越多，功能也越来越强大。剪映App是抖音推出的一款视频剪辑软件，拥有全面的剪辑功能，支持剪辑、缩放视频轨道、替换素材及磨皮瘦脸等功能，还有丰富的曲库资源和视频素材资源……

4.1.5 使用“图片识文字”功能

扫码看教学视频

“图片识文字”功能和“拍照识文字”功能基本相似，都可以通过图片识别文字，帮助用户提取文字、总结图片上的文字内容，以及根据图片上的文字内容进行专业解答，具体操作如下。

步骤01 进入“新对话”界面，在输入框下方点击+按钮，如图4-13所示。

步骤02 展开相应的面板，点击“图片识文字”按钮，如图4-14所示。

图 4-13　点击相应的按钮

图 4-14　点击“图片识文字”按钮

步骤03 进入相应的界面，❶选择需要上传的图片；❷点击下方的“添加”按钮，如图4-15所示。

步骤04 执行操作后，即可上传选择的图片，如图4-16所示。

图 4-15　点击“添加”按钮

图 4-16　上传图片

步骤05 输入相应的提示词，点击发送按钮，DeepSeek即可根据提示词快速生成相应的回复，相关提示词和回复内容如下。

提示词

识别图片中的文字信息。

DeepSeek

根据提供的图片内容，以下是提取的文字信息。
第2章
9种“网红”色调：调出心动的高级感
如今，人们的欣赏眼光越来越高，喜欢追求更有创造性的短视频作品。因此，在后期对短视频的色调进行处理时，不仅要突出画面主体，还要表现出适合主题的艺术气息，实现完美的色调效果。本章主要介绍去掉杂色、青橙色调、赛博朋克及蓝天白云等9种网红色调的调色技巧。

4.1.6 使用文件识文字功能

扫码看教学视频

文件识文字功能允许用户通过上传文件快速提取并总结文件中的内容，还能针对用户提出的问题进行专业的解答，具体操作如下。

步骤 01 进入“新对话”界面，在输入框下方点击**+**按钮，展开相应的面板，点击“文件”按钮，如图4-17所示。

步骤 02 执行操作后，进入“最近”界面，点击界面上方的“文档”按钮，如图4-18所示。

步骤 03 在“文档”选项卡的下方，选择需要上传的文件，如图4-19所示。

步骤 04 执行操作后，即可上传选择的文件，如图4-20所示。

图 4-17　点击“文件”按钮

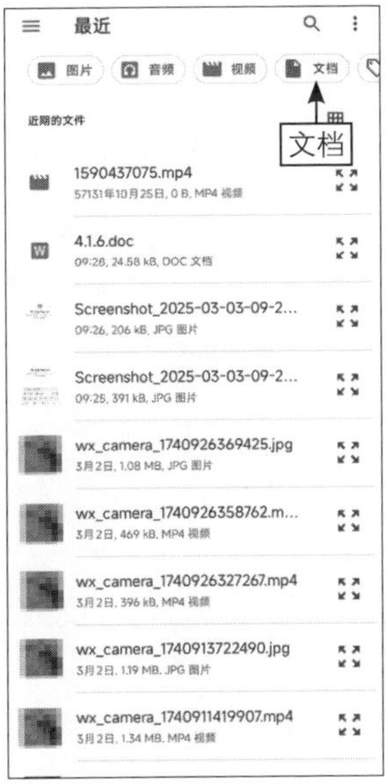

图 4-18　点击“文档”按钮

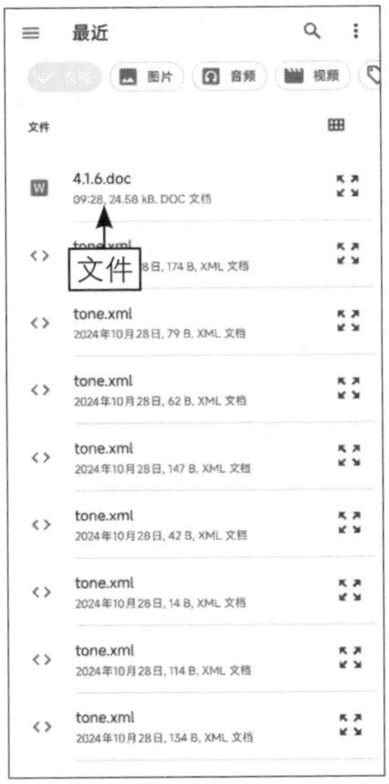

图 4-19　选择需要上传的文件

图 4-20　上传文件

步骤05 输入相应的提示词，点击发送按钮，DeepSeek即可根据提示词快速生成相应的回复，相关提示词和回复内容如下。

提示词

总结文档中的内容，并列举几个关于综合性选题的例子。

DeepSeek

根据文件内容，综合性选题涉及多个领域、方面或维度的研究或讨论主题，具有跨学科的特性。以下是几个关于综合性选题的例子。

1. 城市化进程中的环境保护问题

（1）涉及学科：地理学、城市规划、环境科学、社会学、经济学。

（2）研究内容：分析城市化进程中环境问题的成因、影响及解决方案。

2. 全球气候变化与可持续发展

（1）涉及学科：气候学、生态学、经济学、政治学、社会学。

（2）研究内容：探讨气候变化对全球生态系统、经济和社会的影响及如何实现可持续发展。

3. 人工智能与伦理道德

（1）涉及学科：计算机科学、哲学、伦理学、法学、社会学。

（2）研究内容：分析人工智能技术的发展对伦理道德、法律和社会的影响，探讨如何制定相关规范和政策。

……

4.1.7 管理最近对话

在DeepSeek中，用户可以自由地删除最近对话，或将其重新命名，以便用户更好地查询之前的交流内容，提升工作效率。下面介绍在DeepSeek中管理最近对话的操作方法。

扫码看教学视频

步骤01 在DeepSeek界面，点击左上角的按钮，如图4-21所示。

步骤02 展开相应的面板，长按需要删除的对话记录，在弹出的列表框中，选择“删除”选项，如图4-22所示。

步骤03 执行操作后，弹出“永久删除对话”对话框，点击“删除”按钮，如图4-23所示，即可将该对话记录删除。

步骤04 长按需要重命名的对话记录，在弹出的列表框中，选择“重命名”选项，如图4-24所示。

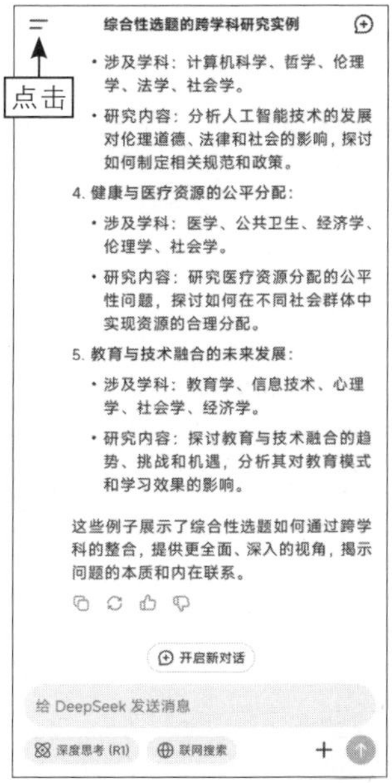

图 4-21　点击相应的按钮

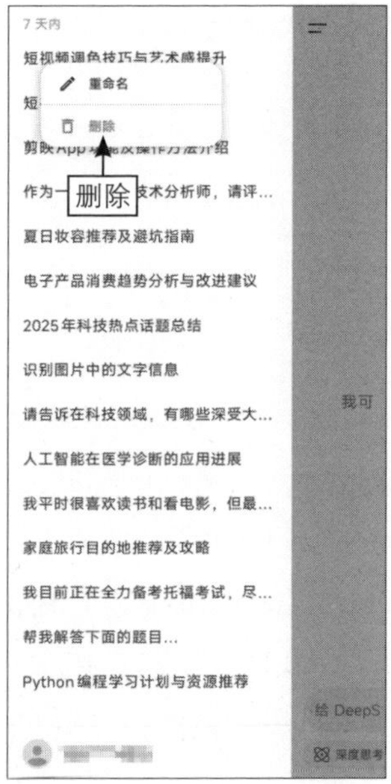

图 4-22　选择“删除”选项

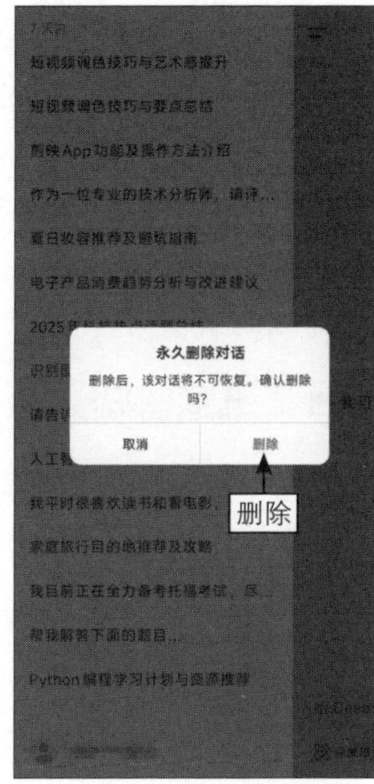

图 4-23　点击“删除”按钮

步骤 05 执行操作后，弹出“重命名对话”对话框，❶输入相应的新名称；❷点击“完成”按钮，如图4-25所示。

步骤 06 执行操作后，即可修改相应的最近对话记录名称，如图4-26所示。

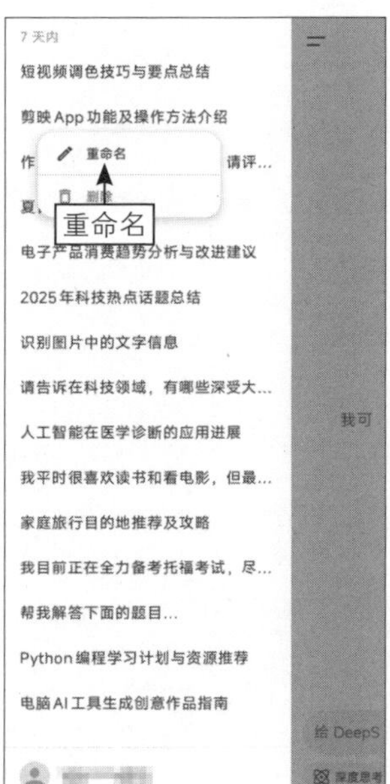

图 4-24　选择“重命名”选项

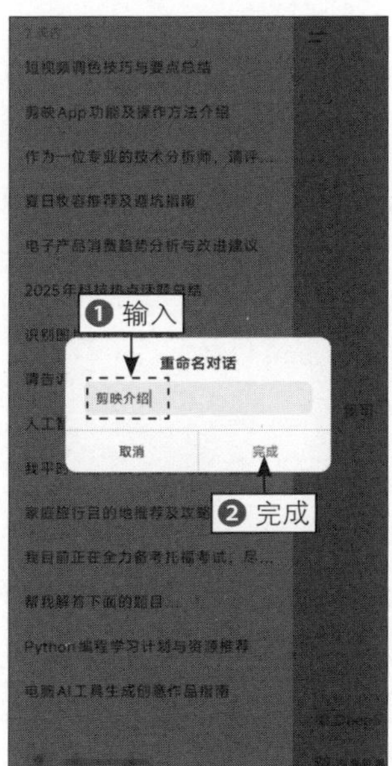

图 4-25　点击“完成”按钮

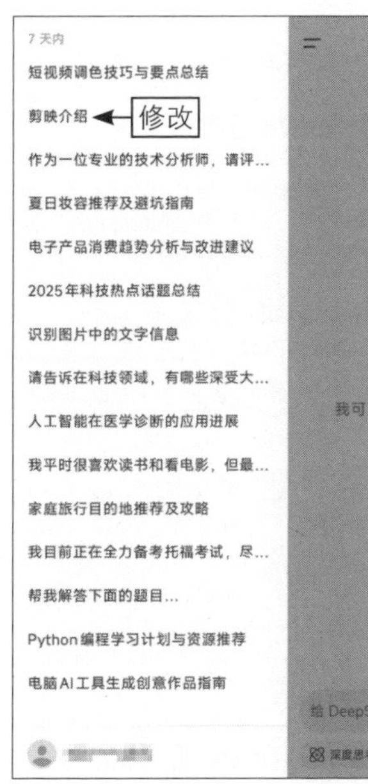

图 4-26　修改对话记录名称

4.2 DeepSeek手机版的常用功能

DeepSeek手机版不仅拥有坚实的基础功能，更在常用功能上展现出了其卓越的智能性与实用性。无论是面对学习中的难题答疑，还是日常的内容写作需求，抑或是PPT大纲的生成，DeepSeek都能凭借其强大的智能算法，为用户提供准确、高效的解决方案。

4.2.1 难题答疑

扫码看教学视频

DeepSeek能够针对各类难题提供准确且详细的回答。无论是科学难题、技术疑问，还是与文化相关的复杂问题，它都能给出恰当的解答。

在回答难题时，DeepSeek不仅能提供答案，还能根据用户的追问深入拓展相关内容。它支持深度思考（R1）功能，能够提供更详细、完善的回答。同时，它的知识库广泛，涵盖了多个领域的知识，使得它在回答难题时具有更高的广度。

另外，DeepSeek生成的回答逻辑清晰、连贯性强。它能够准确把握问题的逻辑结构，并给出条理分明的答案。这使得用户在阅读回答时能够更容易地理解问题并获取所需信息。使用DeepSeek进行难题答疑的相关案例如下。

提示词

以一位复杂系统与应用数学领域的教授身份，面向数学、物理学或经济学专业的高年级学生或研究生，深入讲解混沌理论的基本原理及其在经济预测中的应用，并结合实际案例进行分析。

DeepSeek

以下是一份针对混沌理论及其经济预测应用的学术讲座框架设计，兼顾理论深度与跨学科应用视角。

混沌理论原理与经济预测应用：方法论革命与实践挑战

一、混沌理论数学基础的重构性解读

1. 动力系统范式转换

……

2. 复杂系统识别特征

（1）非线性耦合机制：经济主体交互中的正负反馈环。

（2）分形市场假说：金融时间序列的自相似性验证（Hurst指数计算）。

（3）相变临界性：经济周期转折点的重整化群分析。

二、传统经济预测模型的范式危机

1. 线性模型根本缺陷

（1）ARIMA模型在2008金融危机中的系统性失效。

（2）DSGE模型刚性假设与现实适应性矛盾。
2. 随机游走假说的认知局限
（1）有效市场假说与分形市场假说的实证对比。
（2）厚尾分布现象的持续性建模难题。
……

4.2.2　内容写作

用户可以使用DeepSeek进行小红书笔记、公众号文章、短视频脚本，或者诗歌、散文、议论文等内容的写作，相关案例如下。

扫码看教学视频

提示词

你是一位著名的散文家，请以“花草树木”为主题，写一篇散文，表达对大自然的敬畏与热爱。

DeepSeek

《绿字天书》
清晨的苔藓总会带着露水写的密码。那些在砖缝瓦隙间悄然生长的绿意，让我想起儿时临摹字帖的虔诚。蹲下身，指腹掠过湿润的绒毛，凉意便顺着掌纹渗入血脉。这些最古老的文字学家，用亿万年光阴研习如何与阴影和解，把碎裂的陶片、坍圮的墙垣都装订成翡翠书册。
老榕垂落的气根总在黄昏时分显影。它们像被夕照熔化的铜汁，悬在半空将凝未凝。我常坐在虬结的板根凹陷处，听树脂沿着龟裂的沟壑嘀嗒计时。这尊千手千眼的青铜佛，每根枝条都托着翡翠净瓶，让穿梭其间的红嘴蓝鹊啜饮琼浆。树冠筛下的光斑如铜钱散落满地，却从不见哪个弯腰拾取。
藤蔓是自然最狂放的草书。某年深秋，忽见西墙爬满紫藤的墨迹，龙蛇般游走的枝丫将灰白墙面点染成流动的狂草。它们攀援时必在暗处攥紧岩壁，将苦痛都酿成来年垂落的璎珞。我常在夜雨时听见枝条拔节的脆响，像某个隐士在竹简上运笔疾书，笔锋过处绽开淡紫色的标点。
风起时满院的绿都在翻页。合欢树的羽状复叶沙沙抖落线装书的幽香，木樨细碎的花瓣是夹在书页间的金箔书签。我站在廊下看这场无声的诵读会，忽然懂得所有草木都在用年轮撰写同一部经卷——教人如何以谦卑的姿态生长，如何用凋零完成对永恒的摹写。

4.2.3　PPT大纲生成

在办公场景中，PPT的制作是展示创意与逻辑的重要环节。DeepSeek能够根据用户输入的主题快速生成一份PPT大纲，全面提升办公效率，相关案例如下。

扫码看教学视频

提示词

我是一名高中语文老师，下节课要讲《短歌行》，需要你围绕这首诗歌的主旨、要点和考点生成一份PPT课件大纲。

DeepSeek

PPT课件大纲：曹操《短歌行》解析
适用对象：高中语文学生
一、诗歌背景与作者简介
1. 作者曹操
（1）政治家、军事家、文学家，建安文学代表人物。
（2）“唯才是举”政策与统一北方的政治抱负。
2. 创作背景
（1）赤壁之战前夕的宴会场景（传统说法）。
（2）学术界对创作时间的争议：5种观点简略提及。
二、诗歌结构与内容分析
1. 全诗结构（四节，每八句）
（1）第一节（人生苦短之忧）
- 关键词：对酒当歌、朝露、杜康。
- 情感：表面叹人生短暂，实则隐含功业未就的焦虑。
（2）第二节（求贤若渴之情）
- 引用《诗经》成句：“青青子衿”“呦呦鹿鸣”。
- 比喻贤才为“嘉宾”，表达礼遇之心。
（3）第三节（贤才难得之思）
- 明月喻贤才，忧思难断。
（4）第四节（天下归心之志）
- “周公吐哺”的典故，强调广纳贤才的决心。
……

☆ 专家提醒 ☆

用户可以复制DeepSeek生成的大纲，粘贴到Kimi网页版或者讯飞智文网页版中，一键生成精美的PPT作品，全面提升办公效率与演示效果，让创意更流畅地转化为视觉呈现。

4.3 本章小结

本章详细介绍了DeepSeek手机版的核心功能，包括基础功能和常用功能。基础功能涵盖了开启新对话、使用“深度思考”模式、使用“联网搜索”模式，以及通过拍照、图片和文件识别文字与管理最近对话等功能；常用功能则突出了DeepSeek在难题答疑、内容写作和PPT大纲生成方面的应用，展示了其作为智能助手的多功能性。

4.4 课后实训

扫码看教学视频

鉴于本章知识的重要性，为了帮助读者更好地掌握所学知识，本节将通过课后实训，帮助读者进行简单的知识回顾和补充。

实训任务：利用DeepSeek，撰写一篇议论文，相关案例如下。

提示词

请以“文化传承与创新”为主题，写一篇议论文，讨论传统文化与现代文化的融合、文化多样性的保护等，字数控制在800字左右。

DeepSeek

数字敦煌与虚拟神佛：文明演进的三维密码

在启动敦煌莫高窟第220窟的数字化工程时，人们惊讶地发现：利用三维激光扫描技术，那些历经千年风沙侵蚀的壁画细节，竟比最资深的敦煌学者用肉眼观察更为清晰。这仿佛一个隐喻：当现代科技的探照灯照进古老文明的褶皱，我们正在开启理解文明传承与创新的全新维度。

数字技术正在重构文化传承的时空边界。故宫博物院将186万件文物转化为数字资产，让《千里江山图》在手机屏幕中徐徐展开；苏州博物馆用增强现实技术还原文徵明手植紫藤，使游客在虚实交织中触摸五百年的时光。这种传承不是简单的复制粘贴，而是以二进制代码为载体的文明跃迁。法国思想家×××曾说：“技术是人的第二层皮肤”，当敦煌壁画通过8K超高清技术呈现纤毫毕现的矿物颜料结晶时，我们正在用新的感知方式重构传统美学体验。

文化多样性的守护需要创造性的转化机制。泉州提线木偶剧团将《赵氏孤儿》改编为机甲木偶剧，在纽约时代广场演出时引发轰动；贵州苗族银匠将传统凤冠造型解构重组，创造出符合当代审美的极简首饰。这种创新不是对传统的背离，而是以现代语法重述古老的故事。正如人类学家××××××发现的“修补术”原理，文明正是在不断重组既有元素的过程中获得新生的。云南白族扎染技艺与现代纺织工业的结合，使这项非遗技艺的年产值突破20亿元，印证了创造性转化带来的生命力。

文明的演进始终遵循“层累地造成”的规律。唐代长安城的胡商带来的不只是香料与珍宝，更催生出崭新的音乐形式和绘画技法；文艺复兴时期的意大利工匠研究阿拉伯数字时，不会想到这将成为改变人类认知的革命性工具。今天故宫角楼咖啡推出的“千里江山卷”甜品，以及大英博物馆开发的埃及木乃伊AR（增强现实）解谜游戏，都在延续这种文明融合的古老智慧。德国哲学家×××笔下的“轴心时代”，本质正是不同文明在碰撞中产生的精神突破。

站在元宇宙的门槛上回望，文化传承正从实体保护转向数字永生，从静态展示变为动态交互。敦煌研究院与腾讯合作打造“数字藏经洞”，让用户在虚拟世界中体验文物修复；意大利乌菲兹美术馆将波提切利画作制成非同质化通证（Non-Fungible Token，NFT），探索艺术收藏的新形态。

这些实践揭示着文明演进的根本逻辑：真正的不朽不在于对抗时间侵蚀，而在于在时代浪潮中不断重构自身的存在方式。当未来考古学家在数据云端发掘我们这个时代的文化基因时，或许会惊叹于传统与现代融合创造的文明新物种。

第 5 章

DeepSeek 网页版的核心功能

本章将详细阐述DeepSeek网页版的核心功能，这些功能为用户带来了卓越的使用体验。从基础功能如开启新对话、使用“深度思考”及“联网搜索”模式，到上传附件识别文字和管理对话，DeepSeek网页版提供了全面的交互支持。另外，其常用功能如AI写代码、写作、答疑，以及语言处理、数据分析和学术辅助等，更是展现了其在多个领域的强大能力。

5.1 DeepSeek网页版的基础功能

DeepSeek网页版作为一款创新的智能对话平台，为用户提供了丰富的基础功能，旨在提升信息获取与交流的效率。本节将深入探索DeepSeek网页版的基础功能，帮助用户快速熟悉DeepSeek。

5.1.1 开启新对话

扫码看教学视频

当用户与DeepSeek完成一个话题的交流后，只需单击页面左上角的“开启新对话”按钮，即可进入新一轮的对话，同时之前的对话内容将会被清除。下面介绍在DeepSeek中开启新对话的操作方法。

步骤 01 在DeepSeek左侧的导航栏中，单击“开启新对话”按钮，如图5-1所示。用户也可以单击页面下方的“开启新对话”按钮。

步骤 02 执行操作后，即可开启一个新的对话页面，在上方的输入框中，输入相应的提示词，用于指导AI生成特定的内容，如图5-2所示。

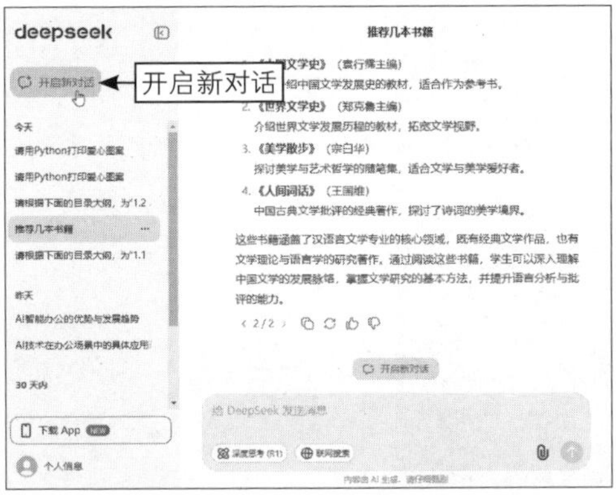

图 5-1 单击“开启新对话”按钮

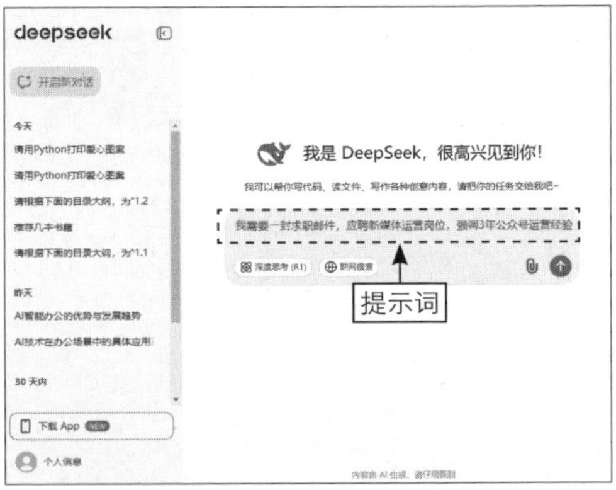

图 5-2 输入相应的提示词

步骤 03 单击按钮或按【Enter】键确认，即可将提示词发送给DeepSeek，DeepSeek会根据要求生成所需的内容，相关提示词和回复内容如下。

提示词

我需要一封求职邮件，应聘新媒体运营岗位，强调3年公众号运营经验。

DeepSeek

求职邮件：新媒体运营岗位
尊敬的[招聘经理姓名]：

> 您好！我在[招聘平台]上看到贵公司正在招聘新媒体运营岗位，我对此非常感兴趣，并希望能够加入贵公司。
> 我拥有[年数]年公众号运营经验，曾负责[公众号名称]的运营工作，成功将粉丝数从[初始粉丝数]提升至[当前粉丝数]，并策划了多篇阅读量10万以上的爆款文章。我熟悉新媒体运营的各个环节，包括内容策划、文案撰写、数据分析、用户运营等，能够独立完成公众号的日常运营和推广工作。
> 在过去的[年数]年里，我积累了丰富的经验，也取得了一些成绩。
> 1. 在内容创作方面：我擅长撰写原创文章，能够准确把握用户的需求，创作出用户喜闻乐见的内容。例如，[举例说明你创作的爆款文章，并附上链接]。
> 2. 在用户运营方面：我注重与用户互动，积极回复用户留言，组织线上线下活动，提升用户黏性。例如，[举例说明你策划的线上线下活动，并附上数据说明活动效果]……

5.1.2 使用“深度思考”模式

扫码看教学视频

DeepSeek的“深度思考”模式能够对给定的问题进行多维度、多层次、系统性的分析和推理，不会仅仅提供一个表面的答案。下面介绍使用DeepSeek“深度思考”模式的操作方法。

步骤 01 在DeepSeek页面，单击输入区中的“深度思考（R1）”按钮，如图5-3所示，开启后，该按钮会变成蓝色。

步骤 02 在提示词输入框中，输入相应的提示词，用于指导DeepSeek生成特定的内容，如图5-4所示。

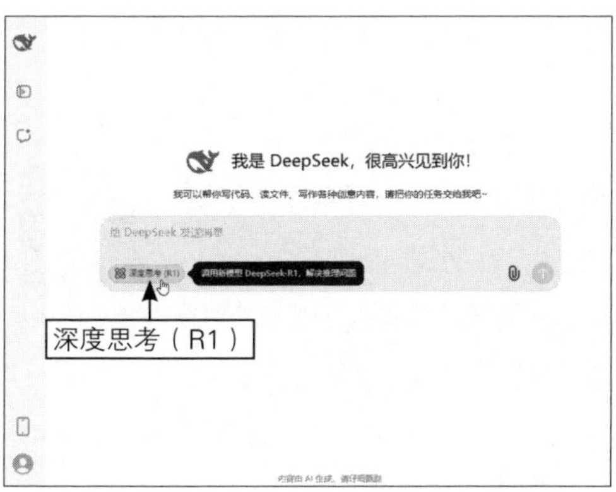

图 5-3 单击“深度思考（R1）”按钮

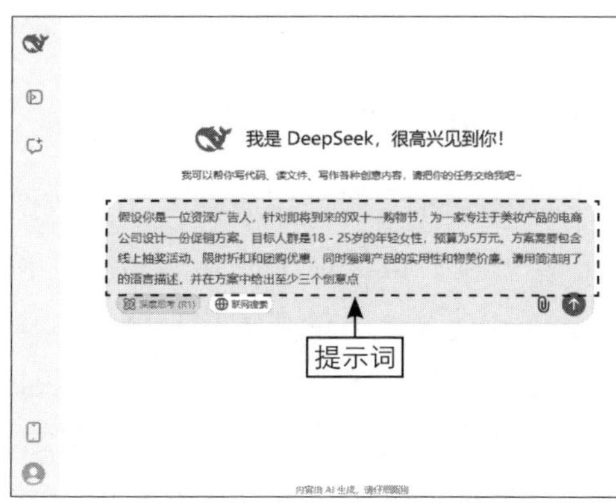

图 5-4 输入相应的提示词

步骤 03 单击⬆按钮或按【Enter】键确认，即可将提示词发送给DeepSeek，DeepSeek会根据要求生成所需的内容，相关提示词和回复内容如下。

提示词

假设你是一位资深广告人，针对即将到来的发“双11”购物节，为一家专注于美妆产品的电商公司设计一份促销方案。目标人群是18～25岁的年轻女性，预算为5万元。方案需要包含线上抽奖活动、限时折扣和团购优惠，同时强调产品的实用性和物美价廉。请用简洁明了的语言描述，并在方案中给出至少3个创意点。

DeepSeek

“双11”美妆狂欢节促销方案

目标人群：18～25岁年轻女性

核心策略：趣味互动+社交裂变+高性价比

预算分配：线上活动（30%）、折扣让利（40%）、推广费用（30%）

一、创意活动设计

1. “盲盒扭蛋机”线上抽奖

（1）用户购物每满99元即可解锁1次扭蛋机会，100%中奖（奖品：美妆小样、正装盲盒、无门槛券）。

（2）爆点：设置1个“锦鲤大奖”（全年免费美妆礼盒），通过开奖直播造势，刺激分享增加曝光。

2. “闺蜜颜值PK”团购福利

（1）3人成团享5折，5人成团额外赠联名彩妆盘。

（2）增设“组团金额排行榜”，TOP3团队瓜分3000元购物基金，强化社交裂变。

3. “限时急救包”折扣秒杀

（1）分时段（0点/12点/20点）上线“学生党急救包”（洁面+面膜+口红＝39元）、“熬夜救星套餐”（眼霜+精华＝99元）……

5.1.3 使用“联网搜索”模式

DeepSeek能够利用最新的在线数据来提供答案，这不仅提高了答复的精确度，也保证了信息的新鲜度和相关性。在处理查询任务时，DeepSeek会综合考量多个信息源，从中挑选最恰当的内容，以满足用户的查询需求。下面介绍使用DeepSeek“联网搜索”模式的操作方法。

扫码看教学视频

步骤 01 在DeepSeek页面，单击输入区中的“联网搜索”按钮，如图5-5所示，开启后，该按钮会变成蓝色。

步骤 02 在提示词输入框中，输入相应的提示词，用于指导DeepSeek生成特定的内容，如图5-6所示。

步骤 03 单击按钮或按【Enter】键确认，即可将提示词发送给DeepSeek，DeepSeek会根据要求生成所需的内容，相关提示词和回复内容如下。

图 5-5　单击“联网搜索”按钮

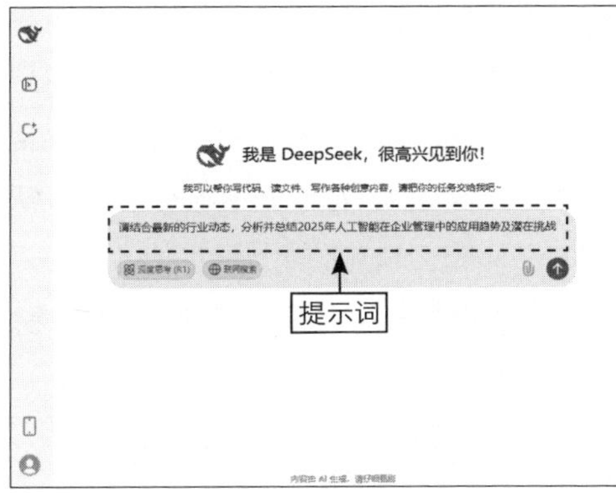

图 5-6　输入相应的提示词

提示词

请结合最新的行业动态，分析并总结2025年人工智能在企业管理中的应用趋势及潜在的挑战。

DeepSeek

根据2025年最新行业动态，人工智能在企业管理中的应用趋势及挑战可总结如下。

一、应用趋势

1. AI智能体成为核心数字劳动力

AI智能体正从辅助工具演变为可独立完成复杂任务的“数字员工”，涵盖客户服务、供应链管理、财务分析、决策支持等领域。例如，Salesforce的Agentforce和OpenAI的Operator已能处理客户咨询、预约管理甚至生成专业的报告。企业通过部署AI智能体，可显著降低人力成本（例如客服成本降低50倍）。未来，AI Agent将深度融入企业运营，替代传统的SaaS功能并推动云化进程。

2. 生成式AI应用趋向务实化

生成式AI的热度逐渐消退，企业更关注实际场景的落地效果。例如，通过构建内部知识库问答系统或结合检索增强生成（Retrieval-augmented Generation，RAG）技术，提升生成内容的准确性和可控性。部分企业聚焦垂直领域（如医疗、金融），利用高质量数据实现精准洞察，而数据储备不足的企业则转向传统AI模型……

5.1.4　上传附件识别文字

扫码看教学视频

DeepSeek的上传附件识别文字功能，允许用户轻松上传各类文档和图片，迅速将其中的文字内容提取出来，无须用户再进行烦琐的手动输入。

对于经常需要处理大量文档的用户，这一功能无疑大大提高了工作效率。无论是PDF、Word等类型的文档，还是包含复杂排版和多种字体的图片，DeepSeek

都能准确识别其中的文字，并对其内容进行总结。

例如，在会议记录整理方面，用户可以运用DeepSeek快速提取会议照片或文件中的文字内容，整理成完整的会议记录；在撰写与编辑报告的过程中，用户可以轻松提取相关资料中的文字信息，快速构建报告框架并丰富内容。下面介绍使用DeepSeek上传附件识别文字功能的操作方法。

步骤01 在DeepSeek页面，单击输入区中的“上传附件（仅识别文字）”按钮，如图5-7所示。

步骤02 执行操作后，弹出“打开”对话框，选择需要上传的图片，如图5-8所示。

图 5-7　单击“上传附件（仅识别文字）”按钮

图 5-8　选择需要上传的图片

步骤03 单击“打开”按钮，即可上传图片，并显示在提示词输入框的上方，如图5-9所示。

步骤04 在输入框中输入相应的提示词，要求DeepSeek识别图片中的文字，如图5-10所示。

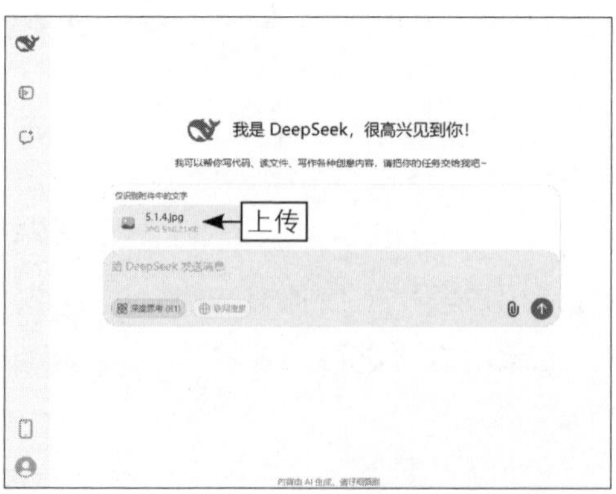

图 5-9　上传图片

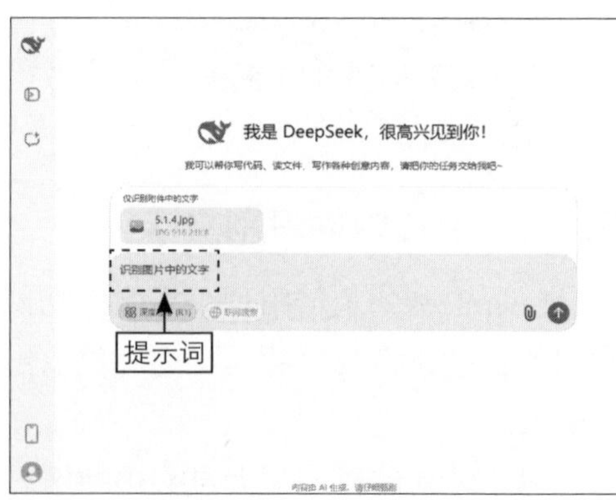

图 5-10　输入相应的提示词

步骤 05 单击⬆按钮或按【Enter】键确认，DeepSeek会自动识别出图片中的文字，相关提示词和回复内容如下。

提示词

> 识别图片中的文字。

DeepSeek

> 以下是对图片中的文字进行识别与整理的结果。
> 第4章 16种字幕效果：让视频更专业有范
> 在刷短视频时，常常可以看到很多短视频中都添加了字幕效果，或用于歌词，或用于语音解说，让观众在短短几秒内就能看懂更多视频内容，同时这些文字还有助于观众记住发布者想要表达的信息，吸引他们点赞和关注。本章将介绍添加文字、识别字幕及添加贴纸等16种添加字幕效果的技巧。
> 说明：
> ……

5.1.5　管理最近对话

扫码看教学视频

在DeepSeek中，通过管理最近对话，用户可以快速回顾和查找之前的交流内容，避免重复提问，从而节省时间，提升工作效率。下面介绍在DeepSeek中管理最近对话的操作方法。

步骤 01 在DeepSeek页面左侧的导航栏中，选择相应的最近对话记录，单击右侧的⋯按钮，在弹出的列表框中，选择“删除”选项，如图5-11所示。

步骤 02 执行操作后，弹出“永久删除对话”对话框，单击“删除”按钮，如图5-12所示，即可成功删除该对话记录。

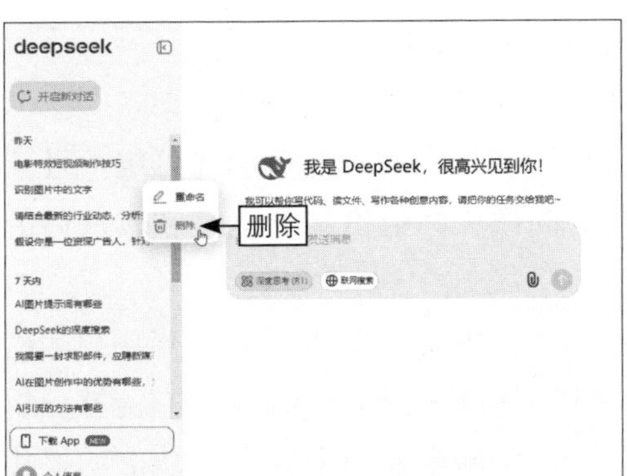

图 5-11　选择“删除”选项

图 5-12　单击“删除”按钮

步骤03 选择相应的最近对话记录，单击右侧的···按钮，在弹出的列表框中，选择“重命名”选项，如图5-13所示。

步骤04 执行操作后，即可直接修改该对话名称内容，如图5-14所示。

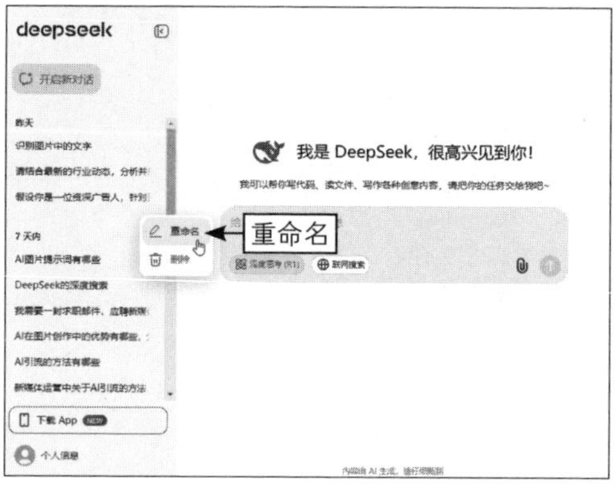

图 5-13 选择“重命名”选项

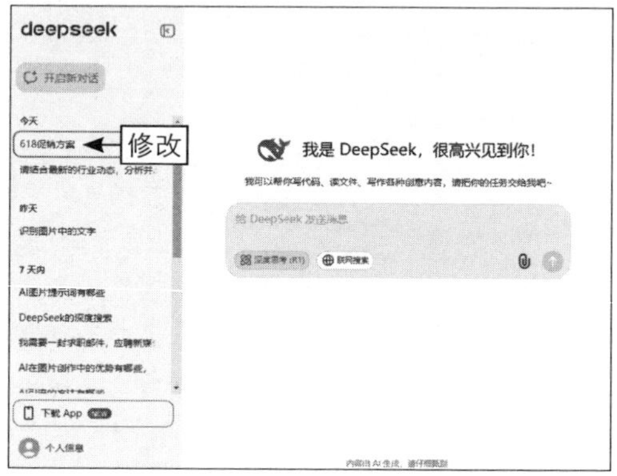

图 5-14 直接修改该对话名称内容

5.2 DeepSeek网页版的常用功能

DeepSeek网页版集成了多项AI技术，为用户提供了丰富多样的功能体验。本节将逐一介绍DeepSeek网页版的常用功能，助力用户提高学习、工作和研究效率。

5.2.1 AI写代码

扫码看教学视频

DeepSeek能够根据用户描述的需求生成相应的代码片段，支持多种主流编程语言，如Python、Java、C++等。用户只需输入清晰的需求描述，DeepSeek就能快速生成符合要求的代码。这一功能对于快速原型设计、自动化脚本编写等场景尤为有用，能够大幅度提升开发效率。

对于已有的代码，DeepSeek能够进行优化，提高代码的性能和可维护性。它可以识别代码中的冗余部分、性能瓶颈等问题，并提供优化建议和改进后的代码。

另外，DeepSeek还能够帮助用户快速定位代码中的错误和问题。当用户遇到代码运行错误或逻辑问题时，可以将代码和错误信息输入DeepSeek，它能够分析问题并提供可能的解决方案。下面介绍在DeepSeek中使用AI写代码功能的操作方法。

步骤 01 在DeepSeek页面的提示词输入框中，输入相应的提示词，如图5-15所示。

步骤 02 单击⬆按钮或按【Enter】键确认，即可得到DeepSeek回复的Python代码，单击“复制”按钮，如图5-16所示，复制代码。

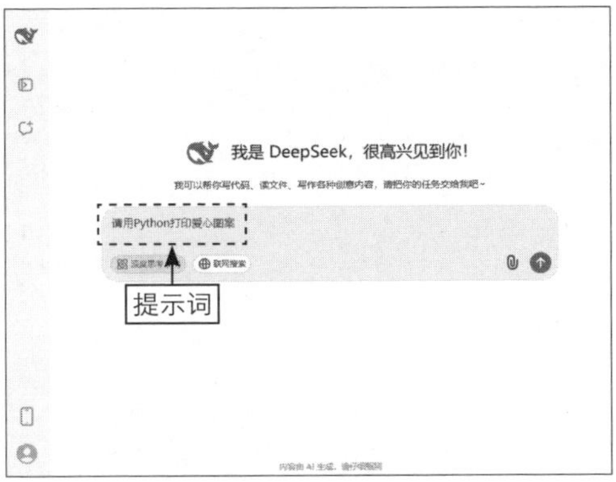

图 5-15　输入相应的提示词

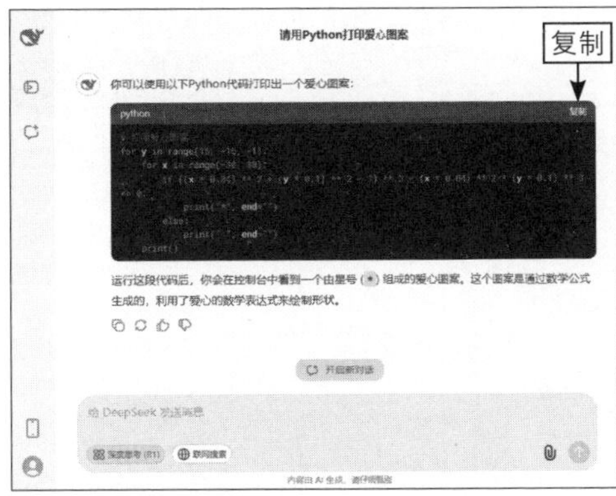

图 5-16　单击“复制”按钮

步骤 03 打开Python，进入IDLE Shell 3.13.2窗口，单击File（文件）菜单，如图5-17所示。

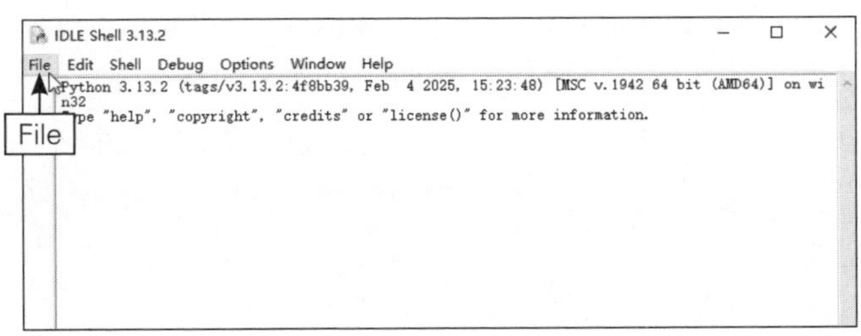

图 5-17　单击 File 菜单

步骤 04 在弹出的下拉菜单中，选择New File（新文件）命令，如图5-18所示，创建一个新文件。

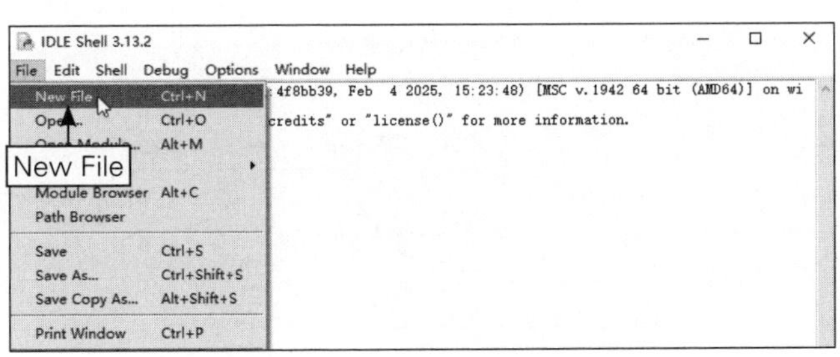

图 5-18　选择 New File 命令

步骤05 打开untitled（无题）窗口，将在DeepSeek中复制的代码，粘贴到这里，如图5-19所示。

步骤06 ❶单击界面上方的Run（执行）菜单；❷在弹出的子菜单中，选择Run Module（允许模块）命令，如图5-20所示。

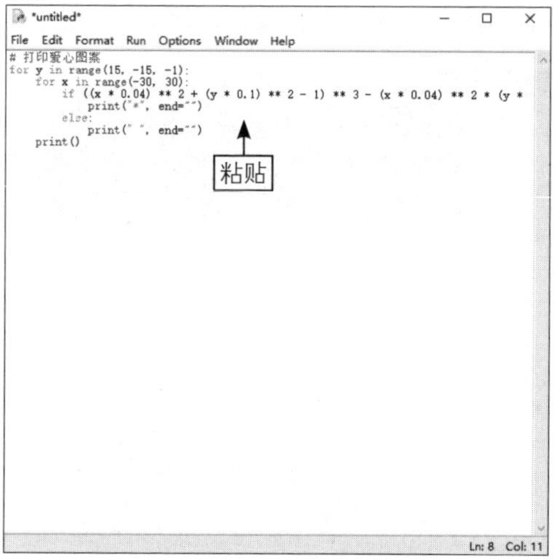

图 5-19　将复制的代码粘贴到窗口中

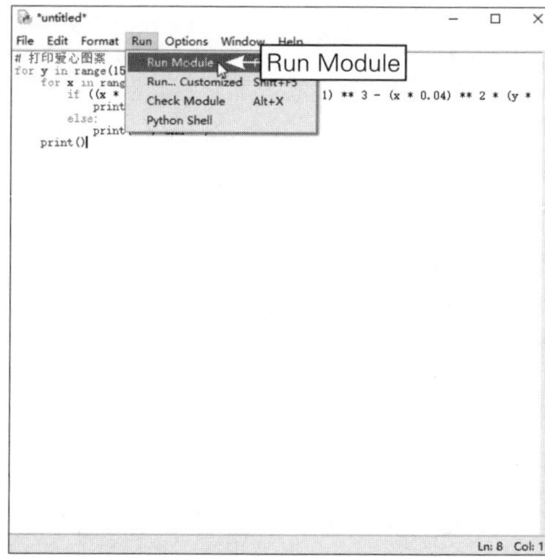

图 5-20　选择 Run Module 命令

步骤07 执行操作后，弹出Save Before Run or Cheek（运行或检查代码之前需要先保存）在对话框，单击“确定”按钮，如图5-21所示。

步骤08 执行操作后，弹出“另存为”对话框，在“文件名”右侧，❶输入文件名称；❷单击“保存”按钮，将代码保存到对应的文件夹中，如图5-22所示。

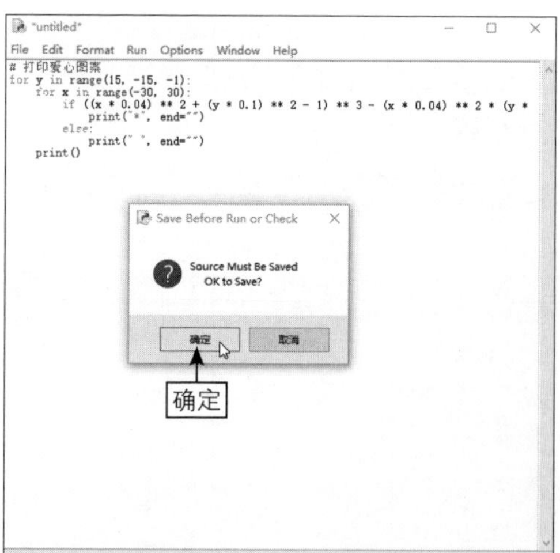

图 5-21　单击“确定”按钮

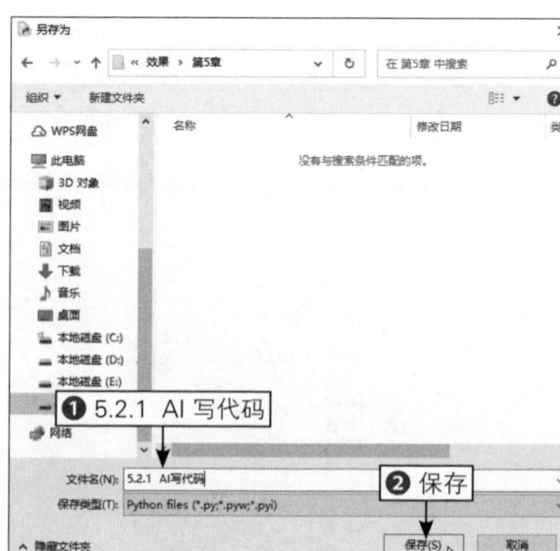

图 5-22　单击“保存”按钮

步骤09 执行操作后，Python会开始运行代码，输出用星号组成的一个爱心图案，如图5-23所示。

步骤10 ❶单击File菜单；❷在弹出的子菜单中，选择Save命令，如图5-24所示，即可将爱心图案保存到对应文件夹中。

图 5-23　输出用星号组成的一个爱心图案

图 5-24　选择 Save 命令

5.2.2　AI写作

DeepSeek的AI写作功能是一项基于大规模文本数据训练而成的强大功能，它能够学习不同文体的语言风格和叙事结构，从而根据用户提供的主题或情境，从零开始生成一个完整的故事，还可以根据用户提供的故事开头或片段，进行续写或扩写，相关案例如下。

扫码看教学视频

提示词

以小红书百万粉丝博主的身份，写一篇AA品牌洗面奶的种草笔记，突出3个使用场景和2个痛点解决方案。

DeepSeek

【AA洗面奶救我狗命！3个场景锁死这管"毛孔吸尘器"】

姐妹们！本油敏肌挖到宝了！这管AA洗面奶直接让我把贵妇洁面挂闲鱼了！今天就带你们解锁它24小时拿捏我梳妆台C位的秘密。

一、3大场景原地封神

1. 早起打工魂觉醒时刻

以前晨洁总像用洗洁精搓盘子，紧绷到法令纹能夹蚊子！AA的三重氨基酸像给脸泡温泉

♨，5秒搓出云朵慕斯，把隔夜油光吞得干干净净，还留层“水膜”！现在涂粉底像在吸饱水的海绵上画画。
2. 下班回家卸妆摆烂现场
挤两泵直接干手揉！睫毛膏粉底液居然能被这坨酸奶质地轻松融化！！！（对比图左滑看我搓出的芝麻糊！）关键睁眼洗都不辣！7重植萃边洗边修护，红血丝姐妹会懂这种感动。
3. 熬夜追剧急救局
有次通宵看剧后脸油得能炒菜，AA居然洗出毛孔会呼吸的感觉！查成分表惊现乳酸杆菌发酵物，这哪里是洗脸分明是给脸喝养乐多啊！第二天上妆居然没卡粉！
二、痛点爆破专家
1. 暴力清洁毁屏障?
……

5.2.3 AI答疑

DeepSeek借助先进的自然语言处理和机器学习技术，为用户提供了高效、准确的智能答疑服务。无论是数学题、物理概念、化学方程等这样的学术问题，还是健康建议、旅行攻略等这样的生活常识，抑或是像技术原理、代码错误、代码优化等这样的技术难题，DeepSeek都能给出详尽的回答，相关案例如下。

扫码看教学视频

提示词

请你以教授的身份，通过教学的常用方式，向学生解释一下量子计算的原理，并给出一些量子计算的实际应用案例。

DeepSeek

同学们好！今天我们来探讨一个充满未来感的话题——量子计算。虽然它的名字听起来很神秘，但我会尽可能用简单的方式带大家理解它的核心原理，并看看它在现实世界中能做什么。
一、量子计算vs经典计算：从“硬币”说起
想象你手里有一枚硬币，经典计算机中的比特（bit）就像硬币的正反面：要么是正面（0），要么是反面（1）。但量子世界完全不同！
量子比特（qubit）的独特之处在于它可以同时处于叠加态——就像一枚快速旋转的硬币，既不是正面也不是反面，而是两者的“叠加”。直到你停止旋转（测量它），它才会随机坍缩成0或1。
这种叠加态让量子计算机能同时处理大量可能性。比如，2个量子比特可以同时表示4种状态（00，01，10，11），而经典比特只能选其一。随着量子比特数增加，这种并行性呈指数级增长！

二、量子计算的“魔法”：纠缠与干涉

1. 量子纠缠

当两个量子比特纠缠时，它们的状态是被“绑定”在一起。即使相隔万里，测量其中一个的状态，另一个会瞬间坍缩到对应的状态（爱因斯坦称之为“鬼魅般的超距作用”）。

实际用途：纠缠是量子通信和量子加密的核心，比如通过量子密钥分发实现绝对安全的通信。

……

5.2.4　语言处理

扫码看教学视频

DeepSeek在处理和理解人类语言方面表现出色，能够进行高质量的文本分析、翻译、摘要生成等任务，相关案例如下。

提示词

The Impact of Digitalization on Traditional Industries and How to Navigate This Transition

In the epoch of rapid technological advancements, digitalization has undeniably reshaped the landscape of numerous sectors, posing both challenges and opportunities for traditional industries. From manufacturing to retail, healthcare to education, the digital wave is transforming operations, business models, and even consumer behaviors. This essay delves into the profound impact of digitalization on traditional industries and explores strategies for navigating this transformative journey.

（略，详细内容见提示词文档）

将上面的内容翻译成中文。

DeepSeek

数字化对传统产业的影响及转型之道

在技术飞速发展的时代，数字化无疑重塑了多个领域的格局，为传统产业带来了挑战与机遇。从制造业到零售业，从医疗健康到教育领域，数字化浪潮正在改变它们的运营模式、商业模式甚至消费者行为。本文深入探讨数字化对传统产业的深远影响，并探索应对这一转型的策略。

首先，数字化的兴起显著提升了传统产业的效率和生产力。以制造业为例，物联网、人工智能和大数据分析的融合，实现了实时监控、预测性维护和生产线优化。零售业则通过电商平台实现革命性变革，扩大了市场覆盖范围，提供个性化客户体验，并优化了供应链管理。这些技术创新不仅降低了成本，还加速了创新，增强了竞争优势。

然而，传统产业的数字化转型并非一帆风顺的。资源有限的中小企业，尤其是缺乏数字化能力的企业，可能难以与拥抱技术的大型企业竞争。自动化取代人工岗位的问题也引发担忧，因为重复性工作正逐渐被机器接管。此外，向数字化平台的快速转型使企业面临网络安全风险、数据隐私问题，以及持续适应技术迭代的压力。

成功应对这一转型需要战略性布局。第一，企业需树立主动意识，认识到数字化并非选择而是必然的。这包括投资员工的数字素养与技能培训，确保其能有效运用新技术。第二，传统产业与科技公司的合作可加速创新并实现双赢。通过合作开发定制化数字解决方案，能够针对性地解决行业痛点。

……

5.2.5 数据分析

扫码看教学视频

DeepSeek的数据分析功能为用户提供了全方位的支持，能够显著提升工作效率和决策质量。DeepSeek具备自动化清洗功能，能够快速处理缺失值、重复数据等问题，确保数据的准确性和完整性。

在统计分析方面，DeepSeek不仅提供基础的描述性统计信息，如均值、中位数、标准差等，还支持高级分析功能，如回归分析、假设检验等，帮助用户深入挖掘数据背后的规律和趋势。同时，DeepSeek还集成了预测分析功能，能够基于历史数据预测未来的趋势，为决策提供有力支持。

DeepSeek的报告生成功能也非常实用，能够根据分析结果自动生成报告。另外，DeepSeek还具备良好的集成与扩展能力，提供API接口和插件支持，能够与其他系统无缝对接，进一步扩展其功能和应用场景。无论是市场分析、财务管理还是人力资源管理，DeepSeek都能为用户提供强大的数据分析支持，帮助他们在工作中做出更明智的决策，相关案例如下。

步骤 01 在DeepSeek页面，单击输入区中的“上传文件（仅识别文字）”按钮，如图5-25所示。

步骤 02 执行操作后，弹出“打开”对话框，选择需要上传的文档，如图5-26所示。

图 5-25　单击“上传附件（仅识别文字）”按钮

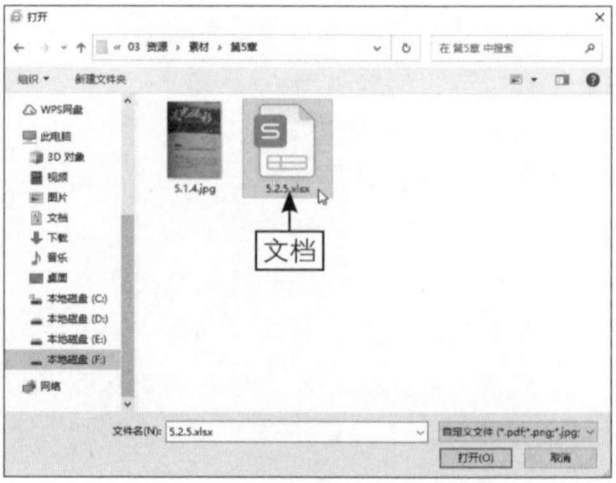

图 5-26　选择需要上传的文档

步骤03 单击“打开”按钮，即可上传文档，并显示在提示词输入框的上方，如图5-27所示。

步骤04 输入相应的提示词，要求DeepSeek分析表格中的数据，如图5-28所示。

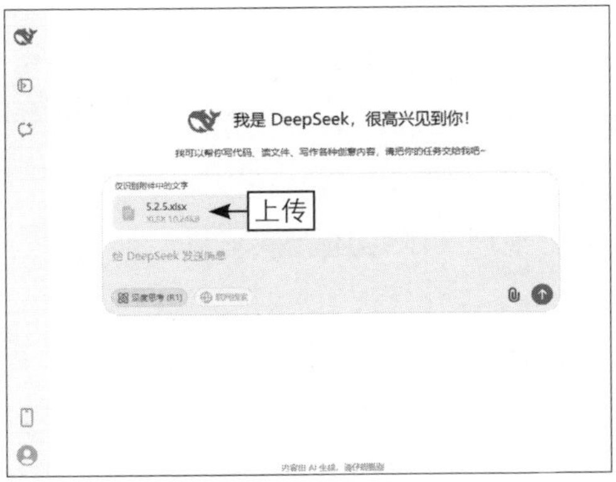

图 5-27　上传文档

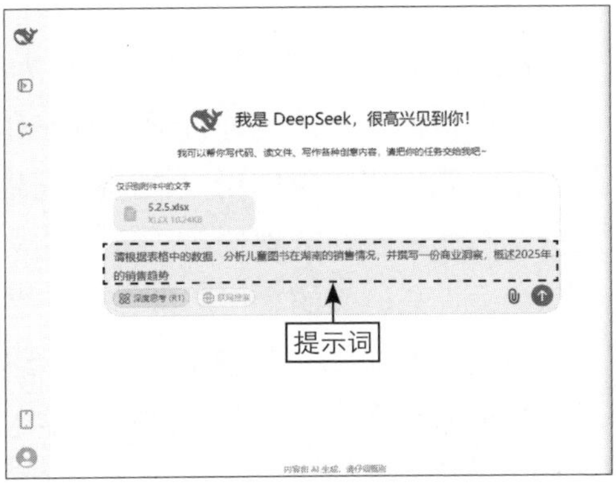

图 5-28　输入相应的提示词

步骤05 单击⬆按钮或按【Enter】键确认，DeepSeek会分析表格中的数据，并撰写一份商业洞察，相关提示词和回复内容如下。

提示词

请根据表格中的数据，分析儿童图书在湖南的销售情况，并撰写一份商业洞察，概述2025年的销售趋势。

DeepSeek

儿童图书湖南地区销售分析与2025年趋势洞察

一、2024年销售数据分析

1. 年度总销售额：79500元，月均销售额约6625元。

2. 季节性特征。

（1）高峰月份：7月（9500元）、5月（8700元）、8月（8600元），可能与暑假、儿童节促销及开学前需求相关。

（2）低谷月份：2月（3600元）、9月（4900元）、11月（4900元），春节假期及学期中段可能导致需求下降。

3. 季度表现。

第三季度销售额最高（23000元），第四季度回落（18300元），凸显暑期与开学季的销售驱动力。

二、2025年销售趋势预测

1. 整体趋势。

假设年增长率5%（行业基准），预计2025年总销售额达83475元，月均约6956元。
2. 季节性延续。
……

5.2.6 学术辅助

DeepSeek的学术辅助功能旨在为研究人员、学生和学者提供支持，帮助他们更高效地进行学术研究和学习。DeepSeek能够提供强大的文献检索作用，帮助用户快速找到相关的学术论文和资料，还能辅助论文写作，包括策划选题、生成论文大纲、整理文献综述、撰写论文初稿等，帮助用户提高论文的写作质量和规范性。

扫码看教学视频

另外，基于用户的研究兴趣和历史行为，DeepSeek可以推荐相关的学术资源，如最新研究论文、会议信息、学术期刊等，帮助用户及时了解领域内的最新动态，相关案例如下。

步骤 01 在DeepSeek的提示词输入框中，输入并发送主题为关于论文选题的提示词，相关的提示词和回复内容如下。

提示词

我是汉语言文学专业的学生，想研究当代网络小说的未来走向，请推荐5个创新且可行的论文选题，要求结合近3年的研究热点，并附上每个选题的研究意义和可能的创新点。

DeepSeek

以下是结合近3年（2023—2025年）网络文学研究热点和未来的趋势，为汉语言文学专业设计的5个创新论文选题，每个选题均附研究意义与创新点分析。
一、现实题材网络小说的叙事策略与社会价值重构研究
1. 研究意义：近年来，现实题材网络小说在政策引导下蓬勃发展（如《×××××》《×××××》入围“五个一工程”），其创作突破了传统网文的“爽感”逻辑，转而关注社会议题（如职场、医疗、乡村振兴等），成为消弭网络文学与传统文学壁垒的重要载体。
2. 创新点。
（1）叙事策略：分析现实题材如何融合类型化元素（如悬疑、职场）与现实主义表达，例如《××××》通过轻喜剧风格探讨互联网行业生态；
（2）价值重构：探讨作品如何通过“新职场人”“基层英雄”等角色塑造，构建符合主流价值观的“情感共同体”，回应社会情绪。
二、类型融合视阈下网络文学的“科幻+”创新路径研究
1. 研究热点：2024年网络科幻呈现“跨界融合”趋势，如“科幻仙侠”“星际都市”等子类型，结合悬疑、无限流等元素，形成多元叙事维度。

2. 研究意义：突破传统科幻文学的框架，探索网络文学如何通过类型杂交实现题材创新，并满足全球化语境下读者的需求。

……

步骤02 再次向DeepSeek进行追问，要求它分析“类型融合视阈下网络文学的‘科幻+’创新路径研究”这个选题的研究空白，相关的提示词和回复内容如下。

提示词

“类型融合视阈下网络文学的‘科幻+’创新路径研究”这个选题的研究空白是什么。

DeepSeek

“类型融合视阈下网络文学的‘科幻+’创新路径研究”这一选题的研究空白可以从以下几个方面进行分析。

1. 理论框架的缺失

（1）研究现状：现有研究多集中于单一类型（如科幻、仙侠、都市）的文本分析，缺乏对“科幻+”这一跨类型融合现象的系统性理论建构。

（2）研究空白：如何构建一个适用于“科幻+”类型融合的理论框架，解释其叙事逻辑、文化符号嫁接机制及读者接受心理，仍是一个亟待解决的问题。

2. 文化符号的再编码机制

（1）研究现状：已有研究对科幻文学中的科技符号（如人工智能、星际旅行）或传统文化符号（如修仙、武侠）有较多探讨，但对二者如何融合的研究较少。

（2）研究空白：网络文学中的“科幻+”如何通过文化符号的再编码（如将“修仙”与“星际文明”结合），实现东方文化元素与现代科技叙事的有机融合，尚缺乏深入分析。

3. 全球化语境下的传播适应性

（1）研究现状：关于网络文学“出海”的研究多集中于玄幻、言情等传统类型，对“科幻+”在跨文化传播中的适应性探讨较少。

（2）研究空白：在全球化语境下，“科幻+”如何通过类型融合（如“科幻+仙侠”）打破文化壁垒，满足不同文化背景下读者的需求，是一个尚未充分挖掘的研究方向。

4. 创作生态与平台机制的互动

（1）研究现状：现有研究多关注文本本身，而对平台机制（如算法推荐、读者互动）如何影响“科幻+”创作的探讨较少。

（2）研究空白：平台机制如何推动或限制“科幻+”类型的创新？例如，算法推荐是否会导致“科幻+”创作的趋同化？这些问题尚未得到充分研究。

……

5.3 本章小结

本章首先介绍了DeepSeek网页版的基础功能，包括如何开启新对话、使用“深度思考”模式和“联网搜索”模式，以及上传附件识别文字和管理最近对话等核心操作；然后介绍了DeepSeek网页版的常用功能，涵盖了AI写代码、AI写作、AI答疑、语言处理、数据分析及学术辅助等多个方面，展示了其在多个应用场景下的强大能力。

5.4 课后实训

鉴于本章知识的重要性，为了帮助读者更好地掌握所学知识，本节将通过课后实训，帮助读者进行简单的知识回顾和补充。

扫码看教学视频

实训任务：使用DeepSeek的AI写作功能，生成一份抖音短视频脚本，相关案例如下。

提示词

生成一份时长为3分钟的抖音短视频脚本，包括开场悬念+中间反转+结尾行动号召，并具备至少3个特写镜头。

DeepSeek

《消失的钥匙》3分钟悬疑反转短视频脚本

【开场悬念：00：00—00：30】

一、镜头1（特写）

1. 画面：沾着咖啡渍的桌面，一串钥匙被特写推入镜头，钥匙扣上挂着“重要U盘”标签。

2. 字幕：“上午8：00提案前30分钟”。

3. 音效：时钟滴答声突然停止。

二、镜头2（中景）

1. 画面：白领女主（25岁）惊慌地翻着包包，文件散落一地。

2. 动作：手机从口袋滑落，屏幕显示8：05。

3. 字幕：“全公司等待的年度提案……”。

三、镜头3（特写）

1. 画面：手机屏幕弹出老板发送的消息：“所有人已到齐，速来会议室！”

2. 音效：急促心跳声。

【中间反转：00：31—02：00】
四、镜头4（全景）
1. 画面：女主冲进茶水间，镜头扫过微波炉/垃圾桶/盆栽。
2. 彩蛋：角落闪过金毛犬的尾巴（0.5秒）。
……

第 6 章

DeepSeek 智能办公技巧与案例

本章以DeepSeek手机版为例，深入探讨DeepSeek如何助力不同职业群体，如研究人员、企业高管、技术开发者、自媒体运营人员等，提升工作效率。另外，本章还将关注其他群体，如学生家长、自由职业者等，探索DeepSeek为他们提供便捷、高效的智能解决方案，从而帮助他们解决办公或生活难题。

6.1　研究人员

研究人员是推动知识创新与发展的核心力量。本节将聚焦研究人员的日常工作，从文献检索、趋势跟踪、跨学科研究到论文撰写等多个维度，深入剖析DeepSeek如何助力研究人员提升工作效率，加速科研成果的产出与转化。

6.1.1　文献检索

扫码看教学视频

在研究领域，文献检索对研究人员发挥着至关重要的作用，它不仅是研究人员获取知识、避免重复劳动的重要手段，还是他们进行学术交流和合作的重要途径。因此，掌握高效的文献检索技巧对每一位研究人员来说都至关重要。

DeepSeek能够迅速根据关键词检索出大量相关文献，并按照相关性、引用次数等对结果进行排序，从而帮助研究人员快速定位到最需要的信息，相关案例如下。

提示词

请检索2023—2025年关于“可持续能源解决方案”的所有权威期刊文章及会议论文，特别是那些聚焦于太阳能和风能技术的创新应用，按发表日期从新到旧排列。

DeepSeek

以下是基于公开可检索的文档及报告中关于“可持续能源解决方案”（聚焦太阳能和风能技术创新应用）的研究成果，按发布时间从新到旧排列（截至2025年2月22日）：

1.《2024年中国风能太阳能资源年景公报》

发布机构：中国气象局公共气象服务中心

发布日期：2025年1月

主要内容：

（1）评估2024年全国风能与太阳能资源分布，显示内蒙古、新疆等地的风能资源较近10年偏好，70米高度平均风速达7.0m/s，西藏、青海等地的太阳能资源最丰富（年辐照量超1750kW·h/m^2）。

（2）数据支持风光发电企业优化运维策略，提升发电效率与经济效益。

2.《2024年可持续能源发电技术研究》

来源：原创力文档（技术研究报告PPT）

发布日期：2024年3月

核心内容：

（1）太阳能技术：高效晶体硅电池制备工艺优化、光伏建筑一体化的集成应用。

……

该提示词首先明确了检索的时间框架（2023—2025年），确保研究人员获得的是近年来的最新研究成果。接着详细说明了检索的主题，引导DeepSeek精准定位到关于可持续能源，特别是太阳能和风能技术领域的创新应用的相关文献。

然后要求检索“所有权威期刊文章及会议论文”，确保检索到的文献具有较高的学术水平和可信度。同时，提示词中明确提及“按发表日期从新到旧排列”的排序逻辑，引导DeepSeek将最新的研究成果优先展示。

6.1.2 趋势跟踪

对研究人员来说，DeepSeek在趋势跟踪方面发挥着重要作用。它能够快速处理和分析大量数据，识别出潜在的模式和趋势，为研究人员提供有价值的洞察，相关案例如下。

扫码看教学视频

提示词

分析人工智能在过去5年的发展趋势，并预测未来两年可能的走向，特别关注关键指标如市场规模、增长率、消费者行为变化及政策影响。

DeepSeek

人工智能过去5年的发展趋势分析（2020—2025年）

1. 市场规模与增长率的爆发式提升

（1）全球市场扩张：2024年全球人工智能服务器市场规模为1251亿美元，预计2025年增至1587亿美元，年增长率达26.8%，而生成式AI服务器占比从29.6%提升至37.7%。华泰证券预测，2025年全球AI市场规模将超5000亿美元，主要的生成式AI和大模型驱动。

（2）中国市场的领跑地位：中国智能算力规模2024年达725.3EFLOPS（同比增74.1%），远高于通用算力的20.6%增速，2025年智能算力预计突破1037.3EFLOPS（同比增43%）。中国AI算力市场规模2024年为190亿美元，2025年预计增长36.2%（达259亿美元）。

2. 技术驱动的算力需求激增

（1）大模型与生成式AI的推动：以DeepSeek为代表的大模型创新显著推高算力需求，算法效率提升并未抑制需求，反而因应用场景扩展加速算力建设。

（2）算力服务模式变革：传统云服务架构难以满足需求，企业转向AI就绪数据中心和生成式AI集群，缩短部署时间并降低成本。

3. 消费者行为与应用场景的转变

……

该提示词清晰地指出了任务的核心，即分析特定行业或市场的历史发展趋势并预测未来的走向。同时，明确了分析的时间范围，即过去5年和未来两年，这有助于DeepSeek在合适的时间框架内收集和处理数据。

另外，该提示词还列出了需要特别关注的关键指标，如市场规模、增长率、消费者行为变化及政策影响，有助于引导DeepSeek围绕这些关键指标进行深入分析，从而生成符合研究人员期望的内容。

6.1.3 跨学科研究

扫码看教学视频

DeepSeek能够跨越学科边界，整合不同学科的知识和方法，为跨学科研究提供新的视角和解决方案，这有助于打破学科壁垒，推动学科之间的交叉融合，相关案例如下。

提示词

请分析近10年来AI在能源科学与环境科学跨学科研究中的应用案例，提取关键信息，并生成一份综述报告。

DeepSeek

近10年AI在能源科学与环境科学跨学科研究中的应用综述报告

（基于2025年最新研究进展与案例分析）

一、AI在能源科学中的应用案例与突破

1. 智慧能源管理与优化

（1）智能电网与电力调度：AI通过分析海量能源消费数据，优化电力供需平衡。例如，结合机器学习预测电力需求波动，动态调节电力分配，减少能源浪费，降低碳排放。

（2）可再生能源的智能化整合：AI模型用于预测风能和太阳能的发电效率，优化发电调度。例如，通过深度学习预测天气变化对发电量的影响，并结合储能系统实现高效能源分配。

（3）能源设备可靠性预测：AI在能源设备（如风力涡轮机、光伏板）的故障预测中发挥着重要作用，通过传感器数据实时监测设备状态，提前预警潜在故障，降低运维成本。

2. 催化材料与化学反应研究

我国科学家利用AI破解催化剂“金属-载体相互作用”难题，通过机器学习模拟复杂的化学反应路径，加速新型催化剂设计，推动清洁能源技术（如氢燃料电池）的研发效率。

二、AI在环境科学中的应用与创新

1. 环境污染监测与治理

……

该提示词通过“请分析”和“并生成一份综述报告”等指令性词语，明确告诉DeepSeek需要执行的任务是分析案例并生成报告。同时，通过“近10年来”限定了时间范围，“AI在能源科学与环境科学跨学科研究中的应用案例”则限定了研究内容和领域，有助于DeepSeek更精准地检索和分析相关信息。

最后，通过“提取关键信息”和“综述报告”等词语，指导DeepSeek在输出时注重信息的提炼和整合，以形成一份具有系统性和条理性的报告。

6.1.4 论文撰写

DeepSeek可以根据论文的主题和类型，自动生成常见的论文结构模板，如引言、文献综述、研究方法、结果分析、结论等部分。它还能基于研究人员提供的初步信息或草稿，智能分析各部分内容的逻辑关系，提出结构优化建议，如调整段落顺序、增加过渡段落等。

扫码看教学视频

DeepSeek还可以根据研究人员的指令或草稿，自动生成段落、句子甚至完整的段落群。例如，当研究人员需要描述实验结果或分析数据时，DeepSeek能够基于提供的数据和分析框架，自动生成描述性文本和初步的分析结论。

另外，DeepSeek能对论文进行全方位的语言优化和校对，包括语法错误检查、词语替换、语言优化等，以提升论文的学术韵味和表达清晰度。使用DeepSeek进行论文撰写的相关案例如下。

提示词

我的选题是“网络文学对传统文学批评理论的挑战与融合”，研究内容是探讨网络文学的特点、兴起背景及其对传统文学批评理论的影响；分析网络文学在叙事方式、题材选择、读者互动等方面的创新，以及这些创新如何挑战并丰富传统文学批评理论；同时，研究网络文学与传统文学在批评方法、评价标准等方面的融合趋势。请根据我的选题和研究内容，发挥你的创意和想象力，创作出论文正文内容。

DeepSeek

好的，我将按照您的要求创作一篇关于网络文学与传统文学批评理论关系的学术论文。为了让文章更完整，我会先列出一些基本框架。请您看看以下内容是否符合您的预期。如果您有其他想法，可以随时提出，我会进行调整。

论文题目：媒介革命视阈下文学批评体系的范式重构

结构框架

1. 解构与重构：网络文学引发的批评范式危机

……

以下是正文内容的详细展开，结合具体案例和理论工具进行深度分析，约1800字：

在数字媒介重构人类认知方式的今天，文学批评理论正经历着自新批评派崛起以来最剧烈的范式变革。网络文学不仅是一种新型文学形态，更是一面棱镜，折射出互联网时代文学活动的本质转变。当《××××》的粉丝通过弹幕参与文本再生产，当互动小说《××××××》将叙事权移交给读者，传统批评理论中作者—文本—读者的三元结构正在发生根本性位移。
一、解构与重构：网络文学引发的批评范式危机
××××“媒介即讯息”的论断在网络文学场域得到充分验证。超文本链接技术催生的网状叙事结构，使得××××提出的“作者之死”从理论隐喻变为技术现实。《×××》的读者在起点中文网构建的百万字同人创作，实际上构成了分布式叙事的集体智慧结晶。这种创作方式彻底瓦解了×××××“艺术四要素”理论的稳定性……

该提示词明确了论文的主题和研究内容，即研究网络文学对传统文学批评理论的挑战与融合，同时要求DeepSeek发挥自己的创意和想象力，根据选题和研究内容撰写该论文的正文内容，这有助于DeepSeek充分发挥自己的能力，创作出符合研究人员要求和期望的论文正文内容。

6.2　企业高管

本节将围绕企业高管的核心工作，从市场分析、投资决策到客户洞察等方面，详细阐述DeepSeek如何助力高管们精准把握市场动态，制定具有前瞻性的战略规划，从而引领企业在激烈的市场竞争中稳健前行。

6.2.1　市场分析

对企业高管来说，DeepSeek在市场分析方面能发挥多种关键作用。DeepSeek能够高效地收集、整理和解析大数据集，识别数据中的模式和趋势，从而提供更深入的洞察，为制定营销战略提供坚实基础。

扫码看教学视频

DeepSeek还可以识别用户的兴趣、偏好和购买习惯等关键特征，帮助企业更精准地了解目标客户的需求和行为，为产品和营销活动的设计提供有力支持。

另外，基于大数据和先进的机器学习算法，DeepSeek能够生成市场趋势预测，帮助企业及时调整策略和资源分配，抓住商机，相关案例如下。

提示词

分析2022—2024年电子商务行业服装类别的销售数据，预测2025年秋季服装流行趋势，并识别潜在的高增长细分市场。

DeepSeek

一、2022—2024年电商服装类别销售数据分析

根据2024年电子商务相关报告，尽管部分细分市场数据缺失，但整体行业呈现以下特征。

1. 线上消费持续增长：2024年实物商品网上零售额同比增长7.2%，其中服饰作为核心品类，受“以旧换新”政策推动，拉动实物网上零售额增长1.3个百分点。

2. 运动与休闲服饰表现强劲：受巴黎奥运会等全球性事件影响，运动风服饰及功能性服装需求显著提升，尤其是在2024年秋冬季节，运动衫、连帽衫等单品成为销售热点。

3. 可持续时尚崛起：消费者对环保材质的关注度增加，再利用牛仔布、植物鞣制皮革等可持续材料在2024年电商平台中占比提升，例如××××推出的再利用牛仔布系列成为市场亮点。

4. 男装多样化需求凸显：男装市场从传统正装向休闲化、个性化扩展，2024年数据显示，宽松廓形、复古设计及无性别风格服饰销量增长显著。

二、2025年秋季服装流行趋势预测

结合2024年秋冬数据及2025年国际秀场动态，2025年秋季趋势将呈现以下特点。

1. 复古奢华与现代极简融合

……

提示词中明确指出了要分析的时间段（2022—2024年）和数据类别（电子商务行业服装类别的销售数据），这有助于DeepSeek快速定位并收集相关数据。

接着进一步提出要求，让DeepSeek基于历史销售数据预测2025年秋季的服装流行趋势，并识别潜在的高增长细分市场，这为企业高管提供了前瞻性的市场洞察，有助于提前布局产品线，从而制定更加精准的营销策略，优化资源配置，以抓住市场机遇。

6.2.2 投资决策

DeepSeek可以通过对历史数据的分析发现投资决策中的规律和趋势，为未来的投资决策提供依据，还可以对金融市场数据进行复杂的模式识别和特征提取，从而实现对股票价格、交易量等指标的预测。另外，DeepSeek还可以将非结构化的文本信息（如新闻、公告等）转化为结构化的数据，为投资者提供更加全面的决策支持。使用DeepSeek进行投资决策的相关案例如下。

扫码看教学视频

提示词

请结合当前市场环境、政策导向、行业趋势等因素，预测未来两年内零售行业的整体发展情况及连锁品牌零食公司的市场表现。

DeepSeek

一、未来两年零售行业整体发展预测

1. 消费分层与性价比主导市场

（1）消费降级与折扣零售崛起：在经济增速放缓、消费者预算收紧的背景下，折扣零售业态（如特卖场、量贩零食店）将持续增长，成为“消费下水道”的重要渠道。2025年，中国零食集合店市场规模预计达1239亿元，门店数量突破2.2万家，品牌通过高性价比策略吸引价格敏感型消费者。

（2）消费升级与健康需求并行：中高端消费者仍追求健康、功能性和体验感。健康零食（如低糖低脂、高蛋白产品）、功能性成分（如食用蘑菇、益生菌）及环保包装产品将更受青睐，推动细分市场增长。

2. 技术驱动与全渠道融合

（1）AI与数字化应用深化：零售企业将通过AI动态定价、个性化推荐和供应链优化提升效率。例如，71%的美国零售商高管认为AI将增强购物体验，80%预计社交电商成为重要销售渠道。

……

该提示词首先要求DeepSeek综合考虑市场环境、政策导向、行业趋势等多重因素，而不仅仅是基于历史数据进行简单预测，这有助于DeepSeek生成更加专业和深入的回复。然后要求DeepSeek对特定行业和公司进行深入分析，提供一个全面的市场预测，包括可能遇到的风险和机遇，这有助于DeepSeek进行更加全面、深入和精准的分析，从而帮助企业高管提高决策的科学性和准确性。

6.2.3 客户洞察

DeepSeek可以快速处理和分析客户行为数据、社交媒体评论、在线评价等，从中提取有价值的信息，识别出趋势和模式，帮助企业高管快速做出决策。通过自然语言处理和机器学习等技术，DeepSeek可以理解客户的需求和情感，提供个性化的服务，提升客户满意度和忠诚度。

扫码看教学视频

另外，DeepSeek可以分析客户在交流中所表达的情感倾向，识别用户的情绪变化，从而帮助企业高管更好地理解客户反馈，优化产品和服务。使用DeepSeek

进行客户洞察的相关案例如下。

提示词

请分析在电子产品领域，客户消费的总体偏好，并识别出最受欢迎的产品类别，以及潜在的客户需求和痛点，针对这些，提出有针对性的改进建议和行动方案。

DeepSeek

电子产品领域客户消费偏好分析及改进建议

一、客户消费总体偏好

1. 功能性与智能化并重

（1）消费者对电子产品的需求从单一功能转向“性能+智能+体验”的综合考量。例如，智能手机不仅需具备高速处理器和长续航，还需支持AI摄影、多场景交互等智能化功能。

（2）智能家居和可穿戴设备因集成健康监测、环境控制等场景化功能，成为深受消费者关注的热点。

2. 个性化与设计感

外观设计和用户体验成为差异化竞争的关键。例如，智能手表通过定制表盘、材质选择满足个性化需求，而轻薄化、高屏占比的笔记本电脑更受年轻用户青睐。

3. 环保与可持续发展

消费者对绿色环保产品的需求显著增加，关注产品材质可回收性、能源效率及碳足迹。欧盟市场的严格环保法规也推动了这一趋势。

……

这段提示词通过明确任务目标、详细分析内容和提供建议方案等要素，最大限度地发挥了DeepSeek在客户洞察方面的能力，使得企业高管能够更好地理解客户需求和市场趋势，从而做出更加明智的决策。

6.3　技术开发者

DeepSeek作为一款先进的人工智能语言模型，凭借其卓越的自然语言处理能力，正在成为提升技术研发工作效率的强大助手。本节将介绍企业和科研机构如何利用DeepSeek有效地加速研发进程。

6.3.1　撰写研究报告

扫码看教学视频

在研究领域，撰写高质量的研究报告往往需要大量的文献查阅、数据整理与分析、反复的文字润色，这一过程既耗时又费力。然而，借助DeepSeek强大的文本生成能力，技术开发者可以更高效地进行资料汇总、初步分析乃至草稿撰写等工作，从而将更多精力投入研究的核心内容上，相关案例如下。

提示词

请你想象一下自己是2050年的航天材料工程师，在回顾过去10年的发展历程时，描述火箭材料的主要突破点，包括但不限于轻量化、耐高温及高强度等方面，并探讨这些变化是如何影响航天事业的。

DeepSeek

作为2050年的航天材料工程师，回顾过去10年（2040—2050）的火箭材料发展，我认为以下三大突破点深刻重塑了航天事业。

一、轻量化材料的革命性迭代

1. 自修复碳纤维复合材料

基于2045年突破的纳米级碳纤维编织技术，新一代材料在保持1.5GPa拉伸强度的同时，密度降至1.3g/cm^{3}以下。其内置的微胶囊自修复系统可自动填补微裂纹，使火箭重复使用次数突破50次门槛。

2. 超轻金属泡沫结构体

通过3D打印工艺制造的钛-铝基泡沫材料，在二级火箭燃料舱应用中实现减重40%，蜂窝状结构兼具电磁屏蔽功能。这项技术使火星采样返回任务的载荷量提升了22%。

3. 生物仿生梯度材料

模仿甲壳动物外骨骼的层状结构，研发出密度梯度变化的复合防护层。在猎户座深空探测器中，该材料在保持防辐射性能前提下，将舱壁重量降低至传统材料的1/3。

……

这段提示词通过设定“2050年航天材料工程师”的身份，让DeepSeek能够站在未来的视角，以更具前瞻性的思维分析火箭材料的发展。

同时，提示词中明确提及“轻量化、耐高温及高强度”等关键特点，为研究报告内容提供了清晰的框架和深度的挖掘方向。

6.3.2　询问IT解决方案

扫码看教学视频

在数字化转型的大潮中，企业面临着日益复杂的IT挑战，从系统集成到数据安全，每一项技术决策都至关重要。DeepSeek作为一种前沿的人工智能语言模型，以其强大的理解和生成自然语言的能力，为企业提供了一个全新的IT咨询平台，帮助企业快速找到问题的答案，相关案例如下。

提示词

我们的组织正面临日益复杂的数据泄露风险，现在，请你化身为一名经验丰富的数据保护顾问。协助我们构建一个涵盖数据加密措施、员工安全意识提升计划及数据泄露应急响应机制在内的全方位数据保护体系，并详细阐述执行这一体系的核心步骤与考量因素。

DeepSeek

全方位数据保护体系构建计划

一、数据加密措施

1. 加密算法选择：根据数据的敏感程度和应用场景，选择合适的加密算法，如AES（高级加密标准）用于静态数据加密，TLS（传输层安全协议）用于数据传输加密。

2. 密钥管理：建立严格的密钥管理系统，确保密钥的生成、存储、分发和更新过程安全可靠。例如，采用硬件安全模块（HSM）来存储密钥，增强密钥的安全性。

3. 数据分类与加密策略：对数据进行分类，如敏感数据、机密数据和公开数据，针对不同类别的数据制定相应的加密策略。

二、员工安全意识提升计划

1. 安全培训：定期组织数据安全培训，内容包括数据保护法规、安全操作规范、常见安全威胁及防范措施等。可以邀请专业的安全专家进行授课，提高培训的质量和效果。

2. 模拟演练：开展数据泄露模拟演练，让员工亲身体验数据泄露的场景，增强他们的应急处理能力和安全意识。演练结束后，进行总结和反馈，不断改进演练方案。

……

通过在提示词中让DeepSeek扮演“经验丰富的数据保护顾问”，使其能够以专业视角审视问题，同时要求设计包含数据加密措施、员工安全意识提升计划及数据泄露应急响应机制在内的全方位数据保护体系，以及核心步骤与考量因素的说明，使DeepSeek能够系统地构建报告内容。

6.3.3 处理自然语言

扫码看教学视频

在当今信息化社会中，自然语言处理技术已成为连接人与机器沟通的桥梁。DeepSeek作为一款先进的人工智能语言模型，展示了其在处理自然语言任务方面的卓越能力。借助DeepSeek的强大功能，企业能够自动执行一些重复性的语言处理任务，释放人力资源去从事更高价值的工作，相关案例如下。

提示词

你是一个自然语言处理专业机器人，你需要从我给出的内容中抽取[所有出现的动词]并通过[列表]的形式进行展示。

接下来你需要处理的文本内容是：学生们在图书馆里静静地阅读书籍，他们时而标记重点，时而做笔记。之后，他们讨论了书中的观点，并交换了彼此的心得体会。老师则在讲台上批改作业，偶尔抬头回答学生们的问题。

DeepSeek

根据您提供的文本内容，经过自然语言处理分析，共抽取到以下动词：

1. 阅读
2. 标记
3. 做（笔记）
4. 讨论
5. 交换
6. 批改
7. 抬头
8. 回答

说明：

动词提取基于句子的主谓结构，例如“批改作业”中的核心动词为“批改”，“做笔记”中的核心动词为“做”。

部分复合动词（如“抬头”“回答”）需根据动作独立性拆分处理。

这段提示词对DeepSeek的帮助在于明确了任务的具体要求和期望的输出格式，即让DeepSeek作为自然语言处理专家，从给定的文本中抽取动词并以列表的形式呈现。这种精确的指导减少了DeepSeek在理解任务上的歧义，提高了处理的效率和准确性。同时，通过限定“动词”这一具体词汇类别，可以有效引导DeepSeek聚焦于文本内容的结构分析，对提升其自然语言理解和信息抽取能力具有积极意义。

6.3.4　生成Java代码

扫码看教学视频

在现代软件开发中，编写高效的代码是提升生产力的关键环节。DeepSeek不仅擅长处理自然语言，还能在编程领域大显身手，尤其是在Java代码生成方面表现突出。技术开发者只需通过简单的指令或问题描述，即可用DeepSeek获得格式正确、逻辑清晰的Java代码示例，极大地节省了编程的时间和精力，相关案例如下。

提示词

利用[Java]编写一个[用户行为数据分析]的程序，该程序需要能够读取用户行为日志文件，分析用户的行为模式，并输出用户活跃度报告。

DeepSeek

以下是一个基于Java的用户行为数据分析程序的实现思路和代码示例。该程序可以完成以下任务。

一、程序功能概述

1. 读取用户行为日志文件：支持多种格式的日志文件输入。

2. 解析日志数据：提取关键行为数据。

3. 分析用户行为模式。

（1）统计用户活跃度

（2）分析用户行为时间分布

（3）识别用户行为模式

4. 生成用户活跃度报告：以文本或可视化形式展示分析结果。

二、实现思路

1. 数据读取与解析。

（1）使用FileReader和BufferedReader读取日志文件

（2）解析每行日志数据，提取关键字段（如用户账号、时间戳、操作类型等）

……

这句提示词直接指明了编程语言（Java）和具体任务（用户行为数据分析），为DeepSeek提供了清晰的创作方向和目标。这种明确的指示有助于DeepSeek快速理解需求，并生成符合要求的代码框架或实现逻辑。

另外，通过指定任务类型，DeepSeek能够更专注于相关算法和库的调用，提高代码生成的准确性和实用性。

6.3.5 解释代码符号

扫码看教学视频

在软件开发的过程中，理解和解释代码中的各种符号对于维护和扩展程序至关重要。DeepSeek在解释代码符号方面展现出了独特的优势，无论是函数定义、类结构还是复杂的算法逻辑，DeepSeek都能够提供清晰易懂的解释，帮助技术开发者快速掌握代码片段的功能和作用机制，相关案例如下。

提示词

Python函数定义“def my_function(list_param: list)”中的:符号代表什么含义。

DeepSeek

在Python函数定义“def my_function(list_param: list)”中，冒号“:”符号有以下几个含义。
1. 函数体开始的标记
冒号“:”表示函数定义的结束，接下来是函数的主体部分。在Python中，冒号用于标记一个代码块的开始，类似于其他编程语言中的花括号“{}”。函数体内的代码需要缩进，通常使用四个空格或一个制表符。
2. 类型提示的作用
冒号“:”还用于类型提示（Type Hinting），这是Python 3.5引入的一个特性。“list_param: list”表示参数“list_param”的预期类型是“list”。这种类型提示有助于提高代码的可读性和可维护性，并且可以在静态类型检查工具（如PyCharm、mypy）中进行类型检查。
3. 可选性
类型提示是可选的，不会影响程序的实际运行。也就是说，即使没有类型提示，代码仍然可以正常运行。但它有助于开发者更好地理解代码的结构和意图。
……

虽然这个提示词直接涉及的是Python语法问题，但它仍然体现了明确性对于DeepSeek理解和回应的重要性。在不同编程语言的上下文中，精确的提问有助于DeepSeek构建或加强其对跨语言编程概念的理解，尤其是在理解参数传递、引用语义等方面。

6.3.6 检查代码问题

软件开发的代码质量，直接影响着应用程序的稳定性和可靠性。DeepSeek不仅能够生成代码，还能在代码审查方面发挥重要作用。通过对源代码进行细致的分析，DeepSeek可以帮助技术开发者快速定位潜在的语法问题、逻辑漏洞甚至是编码风格问题，相关案例如下。

扫码看教学视频

提示词

我正在编辑[Python]代码，遇到了以下报错：
[if nums[i] + nums[j] == target:
IndexError: list index out of range]

请帮我检查并改正错误点，我的原始代码如下：
[（代码略）]

DeepSeek

让我们逐步分析代码中的错误并提出修改方案。
错误分析
1. 错误类型：IndexError: list index out of range
这表示尝试访问列表中不存在的索引位置。
2. 错误位置：nums[j]
当j超出列表的有效索引范围时触发此错误。
3. 原因：
（1）内层循环的range(i+1，n+1)导致j的取值范围为i+1到n（包含n）。
（2）列表的有效索引范围是0到n−1，因此当j＝n时会触发错误。
修改方案
方案1：修正循环范围
……
方案2：优化算法（推荐）
……

这段提示词明确指出了问题和上下文，并提供了完整的出错代码段。这种具体的错误信息和代码示例，使得DeepSeek能够迅速定位问题所在，并引导其提供准确的修正建议。

6.4 自媒体运营人员

如今，自媒体已成为个人及品牌传播声音的重要渠道，本节将引导大家探索内容创作的深层次技巧，并提供实际案例分析。无论是初入自媒体领域的新手，还是寻求突破的资深内容创作者，本节内容都将为大家提供宝贵的指导和启发，帮助大家利用DeepSeek提升创作效率。

6.4.1 撰写公众号文章

扫码看教学视频

在自媒体领域，公众号文章对于传播思想、传达信息和分享干货等具有重要的作用。写作一篇公众号文章需要经过选题、大纲、初稿、修改、定稿等环节，自媒体运营人员往往会花费大量的时间和精力，而在DeepSeek的帮助下，自媒体运营人员可以获得更多的选题灵感，从而提高写文章的效率，更好地发挥公众号文章的作用，相关案例如下。

提示词

假设你是拥有多年公众号运营经验的自媒体工作者，请以“初中家长需要做的10件事”为主题，写一篇公众号文章，并适当加入一些具体的案例，增强观点的说服力和对受众的感染力。

DeepSeek

【标题】初中三年家长手册：一位资深班主任总结的10个教育支点（附真实案例）
【开场场景】
家长会结束时，小雨妈妈红着眼眶拉住我：“老师，孩子现在回家就锁门，月考退步了30名，我急得整夜失眠……”
这位母亲的焦虑不是个例。带过8届毕业班的我发现，初中阶段家长的陪伴质量，往往决定着孩子未来5年的成长轨迹。今天分享10个真实教育支点，每个都附带可实操的案例。
一、构建“脚手架式”学业支持系统
案例：2024届学生小林数学长期不及格，其父王先生的做法值得借鉴。
1. 每周日晚共同预习下周知识点，用便利贴标注疑问点。
2. 建立“错题银行”，将每次错题换算成虚拟货币（50分＝1元），期末可兑换学习用品。
3. 考前制作“作战地图”，用思维导图梳理知识脉络。
半年后小林数学提升至85分，关键是培养了自主梳理能力而非单纯补课。
二、设置“心灵缓冲区”的沟通艺术
……

在这段提示词中，赋予一定的身份可以让DeepSeek生成的答案更为专业。在提出要求时，自媒体运营人员应明确公众号文章的主题，并将主题提供给DeepSeek，让DeepSeek生成有针对性的文章。另外，自媒体运营人员可以结合实际需求和受众喜好在提示词中提出更多要求，让DeepSeek优化公众号文章。

6.4.2　撰写朋友圈文案

扫码看教学视频

在社交媒体时代，朋友圈已成为人们分享生活点滴、表达情感和建立社交联系的重要平台。DeepSeek能够帮助自媒体运营人员轻松撰写朋友圈文案，让自媒体运营人员以精练而富有感染力的文字，记录生活中的每一个精彩瞬间。无论是一次难忘的旅行、一顿美味的晚餐，还是一次深刻的感悟，DeepSeek都能为其打造出既个性化又引发共鸣的朋友圈文案，相关案例如下。

提示词

你是一位文字分享博主，请为中秋节收集一些温柔团圆的文案句子，并撰写一篇朋友圈文案，分享你的摘抄，你可以参考微信朋友圈上的相关文案，确保内容适合在朋友圈传播。

DeepSeek

这里为您整理了一份适合朋友圈的中秋温柔团圆文案合集，并附赠原创朋友圈模板，建议搭配月亮/月饼/团圆主题配图发布。

中秋文案摘抄

一、诗意祝福类

1. 月光所照，愿为故乡；双脚所踏，无非过往——写给每个追光的人
2. 人间家国事月满共一席，九州民业举盛世又一载——家国同庆的仪式感
3. 走了那么多地方，最圆的月亮，还是家的方向——游子的深情告白
4. 月是今夜明，情是今夜切，二小今无猜，何不今相悦——适合表白

二、生活化比喻

1. 月饼在食品界地位最高的一天——吃货专属幽默
2. 团圆是月饼里最好的馅儿——温暖又贴切
3. 月亮心情不错，不然怎么会到我杯子里冒泡——举杯邀月的浪漫

三、月光与思念

1. 当月光倒入河心，星辰与思念对语，团圆有了深意——星河共此时

……

这段提示词展现了高度的情感共鸣与创意融合，作为“一位文字分享博主”，首先明确了DeepSeek的角色定位，即需要通过文字传递情感与价值。针对“中秋节”这一特定节日，巧妙地选择了“温柔团圆”的文案风格，这既符合节日氛围中对亲人的思念，也满足了人们在异乡对家乡的怀念。

在收集文案句子的过程中，让DeepSeek参考微信朋友圈上的相关文案，这样不仅能确保文案的新颖性，还能让内容更加接地气，易于引起朋友圈内好友的共鸣。

6.4.3 撰写小红书笔记

扫码看教学视频

小红书是以笔记的形式传递信息、传播观点，并且广受欢迎的自媒体平台之一。在特定主题指令（即提示词）下，DeepSeek也可以生成小红书笔记，从而让自媒体运营人员能够轻松运营账号和保持更新，相关案例如下。

提示词

假设你是一位拥有百万粉丝的小红书小个子穿搭分享博主，以“小个子女生春节穿搭”为主题，创作一篇小红书爆款笔记。

DeepSeek

小个子女生春节穿搭 | 显高显瘦秘诀公开！长辈都夸的讨喜穿搭公式

（配图：博主穿红色短款毛呢外套+白色直筒裤+厚底短靴，拎红色云朵包，背景贴春联）

155cm/43kg矮妹的春节战袍指南

被亲戚夸爆的显高穿搭！谁说小个子不能穿得又甜又大气？

一、显高关键公式：短外套+高腰直筒裤

1. 外套选短不选长：过腰不过臀的短款羊羔毛外套/绗缝羽绒服，搭配高腰直筒裤（长度盖鞋面不拖地），视觉腿长暴增10cm！参考的H形剪裁法则，显瘦不臃肿。

2. 小心机叠穿：内搭选同色系高领打底+菱形格马甲，层次感拉满又保暖（长辈最怕你冷！）

二、新年氛围感的“讨喜色”法则

1. 主色调：奶油白/燕麦色+中国红点缀

2. 怕大面积红色显土？用红色贝雷帽/围巾/包包提亮（参考的围巾厚底鞋CP）

3. 浅色外套配酒红针织裙，温柔又喜庆（长辈最爱乖巧风！）

4. 禁忌：全身超过3个颜色！顺色搭配更显高

……

首先，作为“拥有百万粉丝的小红书小个子穿搭分享博主”，这一身份设定赋予了DeepSeek高度的专业性，使读者对内容产生信任感；其次，“小个子女生春节穿搭”这一主题直接切中了广大小个子女生的想法，具有广泛的受众基础和迫切的需求度。同时，DeepSeek还通过生动的案例分享、图文并茂的呈现方式及亲切幽默的语言风格，增强了笔记的可读性和吸引力，这样更容易引发读者的情感共鸣。

6.4.4 撰写知乎内容

扫码看教学视频

知乎是人们进行思想传播和观点交流的重要平台，大家喜欢在知乎上对一些提问发表看法，也会带着问题去阅读文章。对于自媒体运营人员，想要创作一些专业的内容并不是一件容易的事，它需要自媒体运营人员有知识的积累和深刻的思考，但在DeepSeek的帮助下，撰写出专业性的、能够引起人共鸣的文章便不再是难事，相关案例如下。

提示词

假设你是知乎平台上的一位知名专栏作家，专注于科学育儿与亲子关系建设，请以育儿专家的身份，针对以下家长提问提供专业建议。

提问：如何帮助孩子建立良好的学习习惯并激发其内在的学习动力？

DeepSeek

作为深耕科学育儿领域多年的教育研究者，我观察到当代家庭教育中存在一个普遍误区：很多父母将学习习惯简单地等同于按时完成作业，将学习动力误解为成绩排名带来的刺激。实际上，真正的学习习惯是认知系统的构建过程，内在动力源自生命本能的求知欲。让我们从认知神经科学和发展心理学角度，系统解析这个教育命题。

一、学习习惯的神经建构原理

1. 大脑前额叶皮质发育规律

儿童执行功能（包括计划、专注、自我调节）的成熟具有明显的年龄阶段性特征。6～12岁的儿童应重点培养“作业启动—执行—检查”的神经回路，通过每日固定流程强化基底神经节的动作程序记忆。

2. 习惯养成的神经递质机制

多巴胺在习惯形成中起关键作用。建议建立“触发—行动—奖赏”循环：设定视觉化任务清单（触发），完成后进行知识应用型游戏（奖赏），如用新学的数学知识设计桌游规则。

3. 环境线索的锚定效应

哈佛大学研究发现，特定环境刺激能激活相关神经通路。建议建立“三固定”学习场域：固定桌椅高度（体感记忆）、固定台灯色温（视觉锚点）、固定背景白噪声（听觉线索）……

作为“知乎平台上一位知名的专栏作家”，特别是“专注于科学育儿与亲子关系建设”，这些让DeepSeek建立了信任基础，使读者相信其解答的专业性和深度。

针对“如何帮助孩子建立良好的学习习惯并激发其内在学习动力”这一问

题，以“育儿专家的身份”进行解答，意味着DeepSeek生成的答案将不仅基于个人经验或泛泛之谈，而是结合育儿专家的专业理论和实战经验，提供科学、系统的建议。

同时，为了增强可读性和吸引力，DeepSeek还需注重情感共鸣的营造，通过生动的语言和细腻的情感描绘，让读者能够在阅读过程中产生共鸣，感受到问题的普遍性和解答的针对性，从而更加信服并愿意采纳这些建议。

6.4.5　撰写今日头条文案

扫码看教学视频

在信息爆炸的今天，今日头条作为热门的内容平台，为自媒体运营人员提供了一个展示才华、分享知识和见解的舞台。DeepSeek能够为自媒体运营人员生成吸引眼球、内容丰富、风格多样的今日头条文案。

无论是新闻评论、生活分享、行业分析还是深度报道，DeepSeek都能帮助自媒体运营人员，让内容在众多信息中脱颖而出，吸引更多读者的关注。自媒体运营人员在让DeepSeek生成今日头条文案时，要明确文案的主题，并在提示词中提供相关信息，方便DeepSeek围绕主题进行创作，相关案例如下。

提示词

请以今日头条平台的文案风格写一篇400字左右的文章，主题为“摄影技巧揭秘”，内容包括吸引人的标题和开头、摄影技巧、结尾与受众互动。

DeepSeek

【标题】手机摄影3大误区，你中招了吗？学会这些技巧，随手一拍就是大片！

【开头】

你是否羡慕朋友圈里的“摄影大神”？明明是同款手机，他们拍出的照片却光影绝美、构图惊艳，而你总被吐槽“直男视角”？别急！今日揭秘手机摄影的隐藏技巧，无须专业设备，掌握这几点，普通人也能秒变“氛围感大师”！

技巧一：构图决定成败，别再只会“居中”了！

1. 三分法与黄金分割：将画面横竖三等分，主体放在交叉点或线条上，比如，在拍夕阳时，将地平线置于下1/3处，天空占比更大，瞬间提升画面张力。

2. 引导线构图：利用道路、栏杆、光影等线条引导视线，增强画面纵深感。例如俯拍楼梯螺旋效果，在线条汇聚处放人物，故事感拉满！

3. 留白艺术：在拍摄极简风格时，大胆留白。一朵花占据画面左下角，其余位置留出纯色背景，高级感扑面而来。

……

这段提示词的写作技巧在于精准把握今日头条平台的用户偏好与阅读习惯，融合摄影元素，打造一篇既实用又引人入胜的摄影技巧分享文章。自媒体运营人员也可以先提供给DeepSeek一些今日头条平台上的爆款文案实例，然后让DeepSeek分析这些文案的特点，再提出实际的需求，让DeepSeek结合文案特点来生成内容。

6.4.6 撰写豆瓣书评

在豆瓣平台上，书评是一种比较常见的文章形式，发挥着图书推广与传播的作用。而要想有效地发挥书评的作用，自媒体运营人员需要具备独到的见解、较强的文字表达能力和写作能力，因此书评的写作门槛比较高。不过，在DeepSeek的帮助下，自媒体运营人员可以高效地完成豆瓣书评的写作，相关案例如下。

扫码看教学视频

提示词

请根据豆瓣书评的风格，为《西游记》这本书写作专业的书评，并拟一个有吸引力的标题，不超过500字。

DeepSeek

标题：神圣与世俗的狂欢：《西游记》的神魔寓言与人性启示
作为中国古典四大名著之一，《西游记》以瑰丽的想象与深邃的哲思，构建了一个跨越神魔、贯通三界的奇幻世界。这部诞生于明代的小说，既是吴承恩对现实社会的隐喻，亦是对人性与信仰的终极叩问。
神魔外衣下的众生相
《西游记》的魅力，首先在于其鲜活的人物群像。孙悟空这一角色堪称文学史上的奇迹：他兼具猴的灵动、神的超凡与人的情感。从大闹天宫的桀骜到取经路上的忠勇，他的蜕变不仅是"紧箍咒"的驯化，更是对理想主义者的悲悯——纵有通天本领，亦需在规则与自由间斡旋。而猪八戒的贪嗔痴、沙僧的隐忍务实、唐僧的迂执与慈悲，共同构成了一幅世俗人性的浮世绘。正如鲁迅所言，吴承恩"使神魔皆有人情，精魅亦通世故"，这种对复杂人性的刻画，至今令人拍案。
取经之路：一场修心的寓言
九九八十一难的设定，远非降妖伏魔的冒险故事……

这句提示词的写作技巧在于融合豆瓣书评的独特风格与《西游记》这部古典名著的深厚底蕴。在撰写书评时，让DeepSeek遵循豆瓣书评的文学性与深度分析并重的特点，结合时代背景与个人见解，进行深刻而独到的解读。

6.5　其他群体

本节将细致剖析如学生家长、自由职业者等其他群体的特定需求，展现DeepSeek如何为这些群体带来实质性的帮助与改变。

6.5.1　学生家长

扫码看教学视频

学生家长利用DeepSeek，能全方位支持孩子的学习与成长。在学科辅导上，DeepSeek能解答孩子学习中的难题，提供个性化的学习计划和分步解题指导，助力孩子掌握各科知识。同时，它还能发现并培养孩子的兴趣爱好，提供丰富的在线课程和资源，让孩子在感兴趣的领域自由探索。

在心理健康与成长规划方面，DeepSeek为家长提供心理健康支持和建议，协助制定孩子的成长规划，确保孩子在学业、职业、社交等方面得到全面发展。另外，它还促进家校沟通，帮助家长与老师有效互动，共同关注孩子的学习进展。家长只需通过简单的提示词，就能获取DeepSeek的帮助。使用DeepSeek的相关案例如下。

提示词

请详细列出解决分数应用题“一桶油用去2/5后还剩12升，原来有多少升？”的具体步骤，包括设立未知数、列出等式及求解过程。

DeepSeek

解答步骤：

1. 设立未知数

设原来这桶油有x升。

2. 确定用去的油量

根据题意，用去了总量的2/5，即用去$2/5x$升。

3. 表示剩余油量

剩余油量为总量减去用去的部分：

$x-2/5x=3/5x$　$3/5x=12$

4. 解方程

两边同时乘以5/3以消去分数系数：

$x=12\times5/3=60/3=20$

5. 验证答案

原总量20升，用去$2/5\times20=8$升，剩余$20-8=12$升，符合题意。

答案：原来这桶油有20升。

这样的提示词可以帮助DeepSeek更准确地理解家长的需求，并提供有针对性的解题步骤和引导。同时，家长也可以根据孩子的具体情况和需求，灵活调整提示词，以获得更加个性化和定制化的学习支持。

6.5.2 自由职业

扫码看教学视频

自由职业是指摆脱了企业与公司的制辖，自己管理自己，以个体劳动为主的一种职业，譬如律师、自由撰稿人、独立的演员歌手等。这一职业类型推崇自由，在工作方式、工作时间、工作场所等方面不受他人限制，可以凭借自己的兴趣和特长自由选择工作内容，并自主决定自己的工作形式及生活方式。自由职业者可以利用DeepSeek来提高工作效率和创作质量，相关案例如下。

提示词

我是一名热爱旅行的作家，我希望将自己的一次独特旅行经历写成一篇叙事文章，投稿给某知名旅行杂志，旅行主题为“探索古老村落的现代化变迁”，请详细描述自己在村落中的所见所闻，包括古老的建筑、传统的习俗、村民的生活方式，以及现代化元素如何逐渐融入其中。

DeepSeek

古村新韵：在时光褶皱里触摸现代的心跳——一位旅行作家的云南与山西村落行记

引子：踏入时光的褶皱

清晨的薄雾尚未散去，我站在云南普洱曼滩村的稻田旁。远处，傣族干栏式建筑的尖顶刺破晨雾，像一支支指向天空的古笔；近处，村民骑着电动摩托车从硬化水泥路上疾驰而过，车篮里装着刚用手机下单的新鲜果蔬。这片土地，古老与现代的呼吸交织成一首无声的诗，而我，正是那个试图捕捉诗意的旅人。

一、凝固的时光：古建筑与传统的坚守

曼滩村的干栏式木楼是活着的史书。木柱撑起高脚楼，竹编墙面透出斑驳的光影，檐角悬挂的铜铃随风轻响，仿佛在吟唱傣族迁徙的史诗。村党总支书记×××告诉我，这里的建筑群完整地保留了元明以来的形制，“每一根梁柱都是祖先的指纹”。

而在山西晋城的上庄村，青砖黛瓦的明清院落更显厚重。一座石雕门楼前，几位老人坐在老榆树下纳凉，手中的旱烟杆与智能手机并置。村民老李说：“过去我们守的是房子，现在守的是根。”村里修复了太岳军区被服厂旧址，甚至将红色历史编成实景剧《上庄保卫战》，让游客在砖雕影壁前触摸革命年代的脉搏。

……

这段提示词设计得十分清晰且实用。它明确了用户角色为旅行作家，详细列出了文章的主要内容（自己在村落中的所见所闻，包括古老的建筑、传统的习俗、村民的生活方式，以及现代化元素如何逐渐融入其中），为DeepSeek提供了明确的创作方向。同时，提示词详细且逻辑性强，有助于DeepSeek生成贴合要求的文章。

6.5.3　工作生活压力大的群体

扫码看教学视频

DeepSeek能够为压力大的人提供多方面的支持。它可以通过对话倾听用户的情绪，提供温暖的陪伴和建议，帮助缓解紧张和焦虑。同时，DeepSeek还能帮助用户梳理生活中的琐事，如制订家务计划、安排购物清单或规划日常活动，通过合理的时间管理和任务排序，减少因琐事堆积带来的压力。

另外，面对生活中的突发事件，DeepSeek能够快速提供应急方案和建议，让用户在面对突发状况时更加从容。它还可以帮助用户优化社交沟通，提供高情商的交流话术和策略，让用户在社交场合中更加自信，从而减轻社交压力。使用DeepSeek的相关案例如下。

提示词

> 我近期工作、生活压力很大，常常感到焦虑和疲惫。请为我提供一些有效的放松技巧、时间管理方法和心态调整建议，帮助我缓解压力，重拾积极心态。

DeepSeek

> 我完全理解您目前的状态，长期的压力积累确实会让人身心俱疲。以下是为您系统整理的解决方案，结合了科学验证的方法与实用技巧，让我们从3个维度逐步改善现状。
> 一、即时放松工具箱（5分钟缓解焦虑）
> 1. 4—7—8呼吸法
> 用鼻子吸气4秒→屏息7秒→用嘴呼气8秒（发出“呼”声），循环3次。这个技巧能快速降低心率。
> 2. 感官重置法
> 准备5颗葡萄干，用2分钟感受其纹理、气味、味道。这种正念练习能即刻打断焦虑循环。
> 3. 冷水刺激法
> 将手腕放在流动的冷水下10秒，低温刺激能激活迷走神经，迅速平复情绪。
> 二、高效时间管理系统（结构化减压）
> 1. 能量时段规划表
> 制作每日能量曲线图：记录3天中每小时的精力值（1～10分），找出高效时段安排核心任务，低效时段处理机械工作。
> ……

该提示词清晰地表达了用户当前的心理状态和具体需求，引导DeepSeek生成具有针对性的放松技巧、时间管理方法和心态调整建议，从而帮助用户有效缓解压力，改善心理状态。

6.5.4 法律知识较少的群体

DeepSeek能够快速响应并解答用户的基础法律疑问，如法律概念的解释和法律条文的解读，帮助他们迅速掌握相关法律知识，还可以模拟法律咨询，为用户提供初步的法律建议，帮助他们评估法律风险，并为后续的法律行动提供参考。

扫码看教学视频

另外，DeepSeek还能够提供实时的法律信息更新，帮助用户及时追踪法律动态，了解最新的法律规定和变化。使用DeepSeek的相关案例如下。

提示词

以简洁明了的语言，针对非法律专业人士解释《中华人民共和国劳动合同法》中关于劳动合同终止的相关规定。

DeepSeek

《中华人民共和国劳动合同法》中关于劳动合同终止的规定可以简单理解为以下要点。

1. 正常终止的常见情形

（1）劳动合同到期，双方协商不续签；

（2）劳动者达到法定退休年龄或开始领取养老金；

（3）劳动者死亡，或公司破产/解散等特殊情况。

2. 公司单方面终止的条件

公司可依法终止合同的情形如下。

（1）劳动者严重违反规章制度（如旷工、盗窃）；

（2）劳动者严重失职造成重大损失；

（3）劳动者被追究刑事责任等。

注意：这类情况公司无须支付经济补偿。

3. 员工可获得补偿的情况

若因以下原因终止合同，公司需支付经济补偿（*N*个月工资）：

（1）合同到期公司不愿续签（劳动者愿续签的情况下）；

（2）公司裁员（需提前30天通知或支付1个月工资）；

（3）劳动者因病/工伤无法继续工作等非过错情形。

……

该提示词要求以简洁明了的语言进行解释，这有助于DeepSeek生成清晰、简洁的回答，避免了法律术语的过度使用，使得非专业人士也能轻松理解。

同时，该提示词明确指出了解释对象为非法律专业人士，这有助于DeepSeek调整其语言风格和解释深度，确保信息易于理解。

另外，通过指定《中华人民共和国劳动合同法》中关于劳动合同终止的相关规定，确保了DeepSeek的回答具有针对性和相关性，避免了信息的冗余和偏离主题。

6.6　本章小结

本章详细介绍了DeepSeek在不同职业群体中的应用技巧与案例。从研究人员到企业高管，再到技术开发者、自媒体运营人员及其他群体，DeepSeek均展现出了其强大的功能和实用性，为不同职业群体提供了全面、便捷和高效的办公支持。

6.7　课后实训

鉴于本章知识的重要性，为了帮助读者更好地掌握所学知识，本节将通过课后实训，帮助读者进行简单的知识回顾和补充。

扫码看教学视频

实训任务：利用DeepSeek，撰写一篇小红书笔记，相关案例如下。

提示词

假设你是一位拥有百万粉丝的小红书美妆博主，以“夏日妆容推荐”为主题，创作一篇小红书爆款笔记。

DeepSeek

【2025夏日必火妆容指南！清爽透亮的神仙妆感，手残党也能轻松拿捏】

姐妹们！高温天也能做氧气感美人！今天分享3款今夏超火妆容+保姆级教程，从早八通勤风到音乐节辣妹风一键切换，评论区已经被求链接的姐妹刷爆啦～

Part1：今夏妆容趋势TOP3

1.【元气蜜桃斩男妆】

热搜关键词：伪素颜心机/果汁唇/水光肌

（1）底妆：用“拍—按—拖”手法上超薄粉底液，××××粉底液+仙紫色蜜粉打造妈生透光皮（持妆12小时实测不暗沉！）。

（2）眼妆：×××眼影盘叠加香槟细闪，×××眼线胶笔画“隐形眼线”，睫毛夹出太阳花后刷原色波塔睫毛膏。
（3）腮红唇妆：×××××腮红横扫苹果肌，×××××叠涂水光唇蜜，瞬间得到被蜜桃汁吻过的嘟嘟唇。
2.【美式白开水辣妹妆】
热搜关键词：野生毛流感/盒型鼻/纯欲天花板
……

【豆包篇】

第 7 章

豆包手机版的核心功能

随着移动技术的不断进步，智能手机不再仅仅是个人的通信设备，它已经演变成了强大的办公工具，帮助用户在任何时间、任何地点都能高效地完成工作。本章将深入探讨如何通过豆包手机版的核心功能，帮助用户在移动办公场景中实现效率的飞跃。

7.1　豆包手机版的基础功能

豆包手机版通过集成一系列基础功能，旨在帮助用户在日常工作中节省时间，从而实现办公提效。本节将深入探讨豆包手机版的基础功能，以及它们如何帮助用户实现办公提效，让用户在快节奏的工作环境中保持领先。

7.1.1　创建新对话

扫码看教学视频

当用户和豆包交流完一个话题后，若想探讨其他问题，可以创建一个新的对话，开启新一轮的互动，以防止新话题和已结束的话题内容互相干扰，使交流更加清晰，从而提高沟通效率，具体操作方法如下。

步骤 01 在豆包App的“对话”界面，❶点击右上角的⊕按钮；在弹出的列表框中，❷选择“创建新对话”选项，如图7-1所示。

步骤 02 执行操作后，即可创建一个新的对话，如图7-2所示。

图 7-1　选择“创建新对话”选项

图 7-2　创建一个新的对话

7.1.2　开启自动播放模式

扫码看教学视频

在豆包App中，用户可以开启自动播放模式，让豆包自动播放文字回复。这样，用户在与豆包交流时，可以更加便捷地听到豆包的回答，下面介绍开启自动播放模式的操作方法。

步骤 01 在豆包App的“新对话”界面，点击右上角的灰色喇叭图标🔇，当图标变成蓝色🔊后，即可开启自动播放模式，如图7-3所示。

步骤 02 在下方的提示词输入框中，输入相应的提示词，如图7-4所示。

步骤 03 点击发送按钮⬆，豆包在生成内容的同时，会自动用语音读出内容，如图7-5所示。

步骤 04 内容生成完成后，可以看到内容左下角有动态的音波图形，表示豆包正在朗读内容，如图7-6所示。

图 7-3　开启自动播放模式

图 7-4　输入相应的提示词

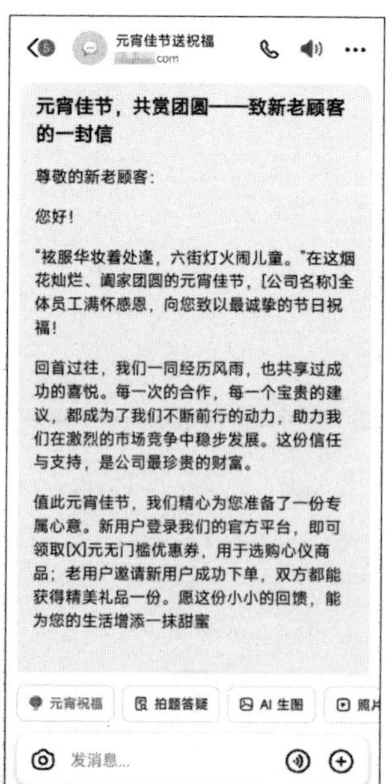

图 7-5　自动用语音读出内容

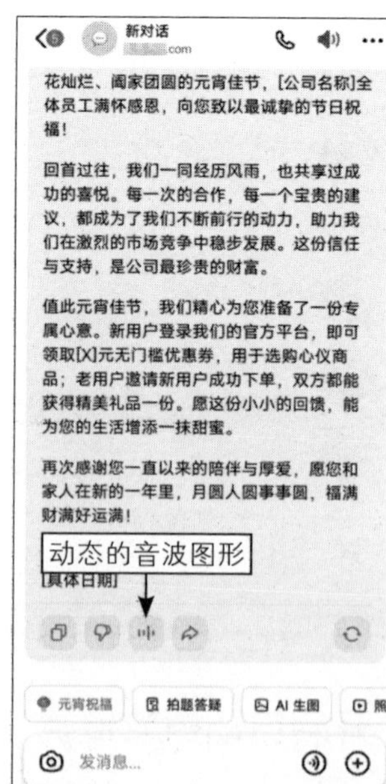

图 7-6　豆包正在朗读内容

步骤 05 下面是对应的提示词及豆包生成的内容。

提示词

正值元宵佳节，公司为感谢新老顾客的支持，特送上元宵祝福。请你担任文案写作大师，为公司写一封情感真挚、表达自然的祝福邮件，字数控制在400字以内。

豆包

元宵佳节，共赏团圆——致新老顾客的一封信

尊敬的新老顾客：

您好！

“袨服华妆着处逢，六街灯火闹儿童。”在这烟花灿烂、阖家团圆的元宵佳节，[公司名称]全体员工满怀感恩，向您致以最诚挚的节日祝福！

回首过往，我们一同经历风雨，也共享过成功的喜悦。每一次合作，每一个宝贵的建议，都成了我们不断前行的动力，助力我们在激烈的市场竞争中稳步发展。这份信任与支持，是公司最珍贵的财富。

值此元宵佳节，我们精心为您准备了一份专属心意。新用户登录我们的官方平台，即可领取[×]元无门槛优惠券，用于选购心仪商品；老用户邀请新用户成功下单，双方都能获得精美礼品一份。愿这份小小的回馈，能为您的生活增添一抹甜蜜。

再次感谢您一直以来的陪伴与厚爱，愿您和家人在新的一年里，月圆人圆事事圆，福满财满好运满！

[公司名称]

[具体日期]

7.1.3　使用语音对话模式

扫码看教学视频

豆包App的语音对话模式，是指用户可以通过语音与豆包进行交流。用户可以通过说话来提出问题或发出指令，而豆包则可以通过语音回复用户，使得交互过程更加自然和便捷。

语音对话模式适合在用户需要快速获取信息或在不方便打字的情况下使用。例如，当用户需要双手操作其他任务时，豆包App的语音对话模式可以提供极大的便利，下面介绍使用语音对话模式的操作方法。

步骤01 在豆包App的“新对话”界面，开启自动播放模式，点击界面右下角的按钮，如图7-7所示。

步骤02 执行操作后，按住“按住说话”按钮，如图7-8所示。

步骤03 按住按钮不要松开，同时用语音说出提示词，如图7-9所示。

步骤04 松手后，即可自动发送提示词，如图7-10所示，豆包在生成内容的同时，会使用语音朗读内容。

图 7-7　点击相应的按钮

图 7-8　按住“按住说话”按钮

图 7-9　按住按钮并说出提示词

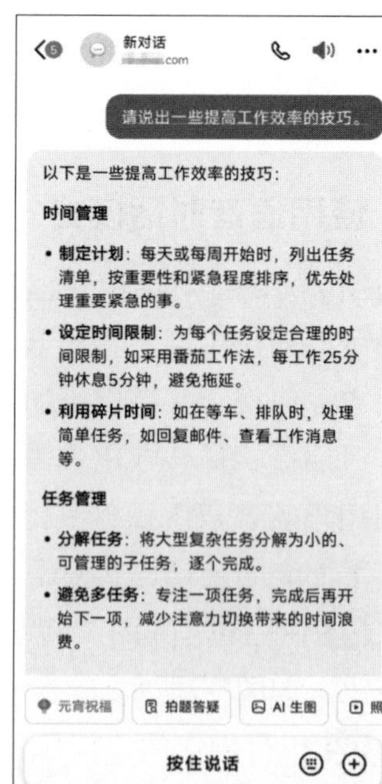

图 7-10　自动发送提示词

步骤 05 下面是对应的提示词及豆包生成的内容。

提示词

请说出一些提高工作效率的技巧。

豆包

以下是一些提高工作效率的技巧。

一、时间管理

1. 制订计划：每天或每周开始时，列出任务清单，按重要性和紧急程度排序，优先处理重要紧急的事。

2. 设定时间限制：为每个任务设定合理的时间限制，如采用番茄工作法，每工作25分钟休息5分钟，避免拖延。

3. 利用碎片时间：如在等车、排队时，处理简单的任务，如回复邮件、查看工作消息等。

二、任务管理

1. 分解任务：将大型复杂的任务分解为小的、可管理的子任务，逐个完成。

2. 避免多任务：专注一项任务，完成后再开始下一项，减少注意力切换带来的时间浪费。

3. 学会拒绝：对于与工作目标无关或不合理的任务请求，要委婉拒绝。

三、工作环境与沟通

1. 优化工作空间：保持工作区域整洁、有序，减少干扰，提高专注力。

2. 有效沟通：与同事、上级沟通前先整理思路，明确重点，提高沟通效率，减少反复沟通。

3. 适当休息：保证充足的睡眠，在工作过程中适当休息，做简单的伸展运动，放松身心，保持良好的工作状态。

7.1.4　上传并分析本地文件

扫码看教学视频

豆包App具备上传分析本地文件的功能，用户可以通过App上传PDF、Word、Excel、PPT、TXT等类型的文档，豆包能够快速阅读并理解文件内容，以及提供摘要、翻译、答疑等服务，下面介绍具体的操作方法。

步骤01 在豆包App的“新对话”界面，点击右下角的⊕按钮，展开底部的功能菜单，点击“文件”按钮，如图7-11所示。

步骤02 执行操作后，进入“最近”界面，点击WPS Office按钮，如图7-12所示。

步骤03 在“选择文档”界面，选择相应的Word文档，如图7-13所示。

图 7-11　点击“文件”按钮

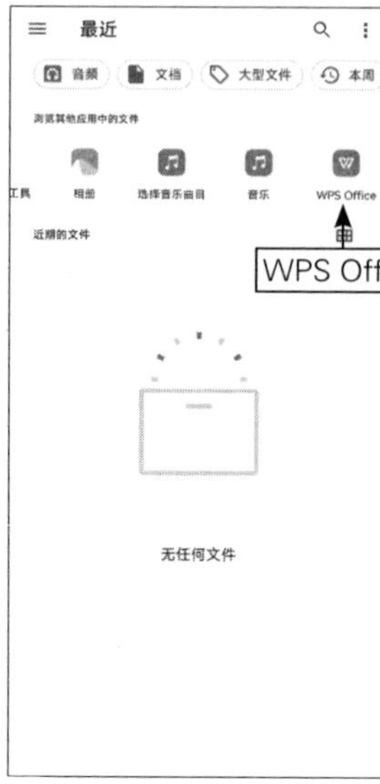

图 7-12　点击 WPS Office 按钮

图 7-13　选择相应的 Word 文档

步骤 04 执行操作后，即可将Word文档上传到提示词输入框的上方，并输入相应的提示词，如图7-14所示。

步骤 05 点击发送按钮，豆包会自动总结Word文档中的内容，如图7-15所示。

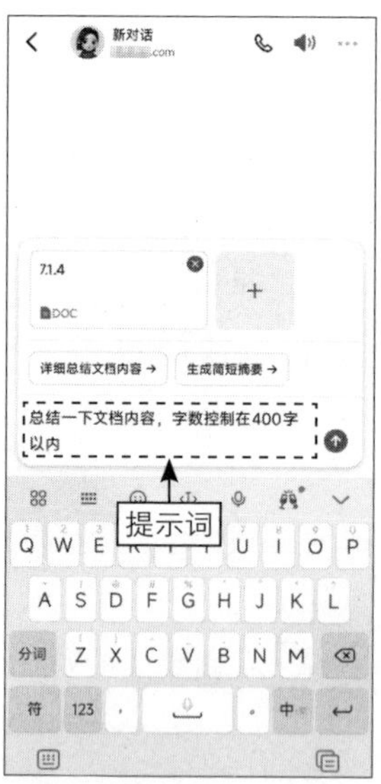

图 7-14　输入相应的提示词

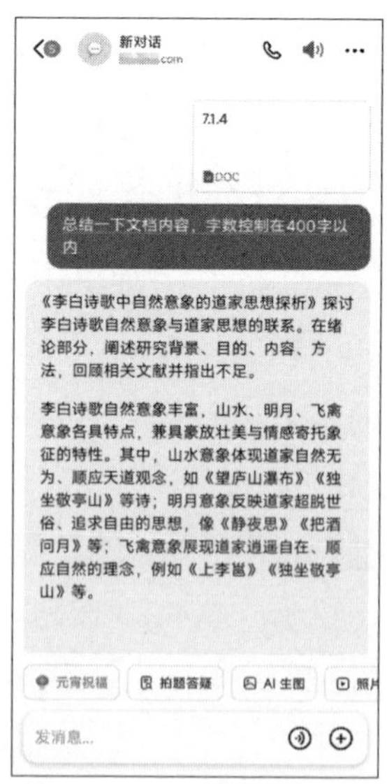

图 7-15　总结文档中的内容

步骤 06 下面是对应的提示词及豆包生成的内容。

提示词

总结一下文档内容，字数控制在400字以内。

豆包

《李白诗歌中自然意象的道家思想探析》探讨了李白诗歌的自然意象与道家思想的联系。在绪论部分，阐述研究背景、目的、内容、方法，回顾相关文献并指出不足。

李白诗歌自然意象丰富，山水、明月、飞禽意象各具特点，兼具豪放壮美与情感寄托的特性。其中，山水意象体现道家自然无为、顺应天道的观念，如《望庐山瀑布》《独坐敬亭山》等诗；明月意象反映道家超脱世俗、追求自由的思想，如《静夜思》《把酒问月》等；飞禽意象展现道家逍遥自在、顺应自然的理念，例如《上李邕》《独坐敬亭山》等。

总之，李白诗歌的自然意象与道家思想紧密相连，成就其艺术高峰，本研究为人们理解其诗歌提供了新视角，对研究道家思想传播的意义重大。未来可拓展研究其他自然意象与道家思想的关系，以及其诗歌对后世的影响。

7.1.5 删除聊天记录

扫码看教学视频

用户可以删除已经不需要的聊天记录，具体操作方法如下。

步骤 01 在豆包App的“新对话”界面，❶点击右上角的•••按钮；❷在弹出的列表框中，选择“从对话列表删除”选项，如图7-16所示。

步骤 02 执行操作后，弹出“确定删除对话？”对话框，点击“删除”按钮，如图7-17所示，即可删除该聊天记录。

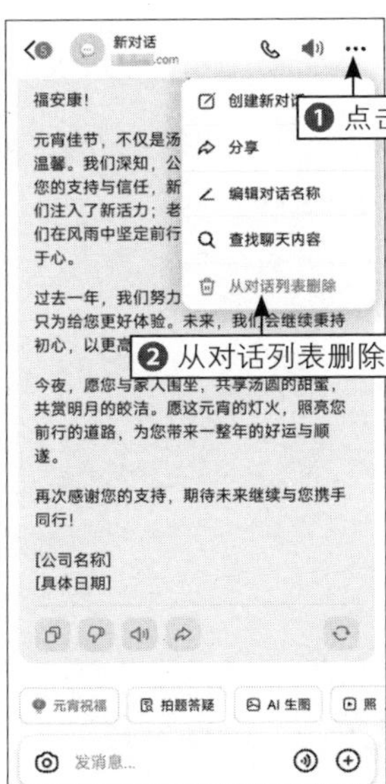

图 7-16　选择“从对话列表删除”选项

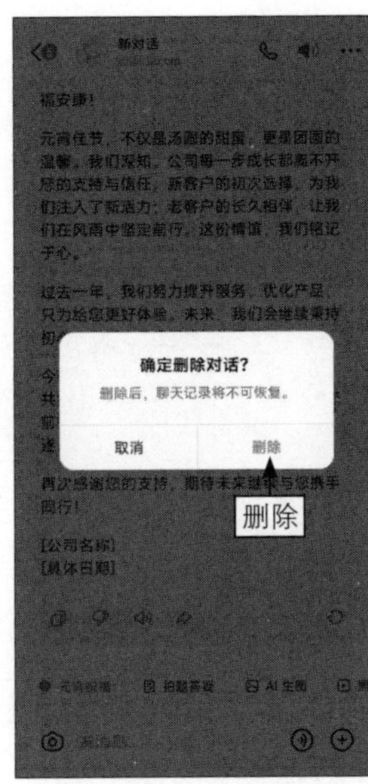

图 7-17　点击“删除”按钮

7.1.6 查找聊天内容

在和豆包聊天时，如果关于某个话题的聊天记录较多，难以直接找到所需内容，用户可以尝试在该聊天界面的搜索框中输入关键词、日期或相关内容，豆包会自动筛选出包含该关键词或相关信息的聊天记录，下面介绍具体的操作方法。

扫码看教学视频

步骤 01 在豆包App的“新对话”界面，❶点击右上角的•••按钮；❷在弹出的列表框中，选择“查找聊天内容”选项，如图7-18所示。

步骤 02 执行操作后，进入相应的界面，在上方的搜索框中，输入需要查找的内容的关键词，即可显示相关内容，如图7-19所示。

步骤 03 在显示的相关内容中，点击所需的内容，即可自动跳转至该内容在对话界面中的位置，如图7-20所示。

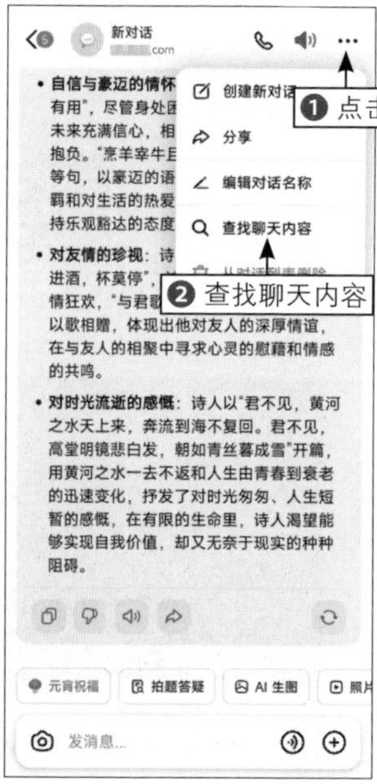

图 7-18 选择“查找聊天内容”选项

图 7-19 显示相关的内容

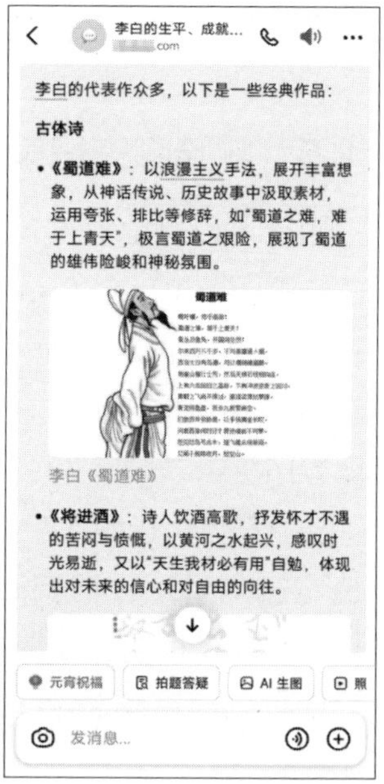

图 7-20 跳转至相应的位置

7.1.7 设置形象

用户可以根据自己的喜好，设置豆包的形象，下面介绍具体的操作方法。

扫码看教学视频

步骤 01 在豆包界面，点击右上角的•••按钮，如图7-21所示。

步骤 02 执行操作后，进入相应的界面，点击“设置形象”按钮，如图7-22所示。

步骤 03 执行操作后，进入“设置形象”界面，点击“温柔桃子”右侧的“更改”按钮，如图7-23所示。

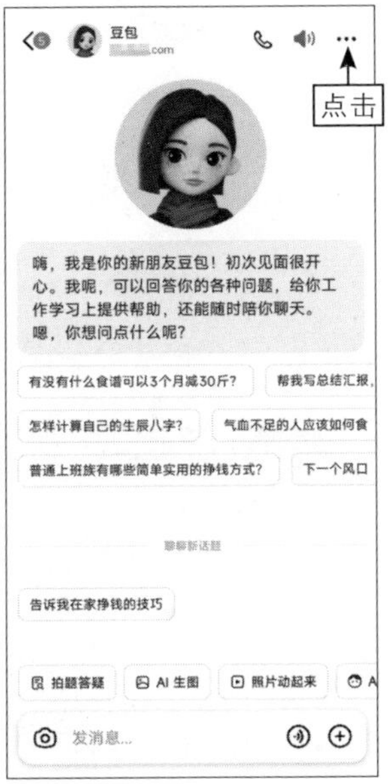

图 7-21　点击相应的按钮

图 7-22　点击“设置形象”按钮

图 7-23　点击“更改”按钮

步骤 04 执行操作后，进入“智能体声音”界面，在“推荐”选项卡下方，选择自己喜欢的声音，如“阳光甜妹”，如图7-24所示。

步骤 05 执行操作后，会在界面上方显示刚选择的智能体声音，点击“温柔桃子”右侧的×按钮，如图7-25所示，即可将“温柔桃子”声音删除。用户还可以根据自己的需要，调整声音的“音高”和“语速”。

图 7-24　选择自己喜欢的声音

图 7-25　点击相应的按钮

步骤06 设置好智能体声音后，点击“完成”按钮，如图7-26所示。

步骤07 执行操作后，即可返回“设置形象”界面，并显示刚刚选择的“阳光甜妹”智能体声音，点击“确定”按钮，如图7-27所示，成功更改豆包的声音。

图7-26　点击“完成”按钮

图7-27　点击“确定”按钮

7.1.8　调整字号

用户也可以根据自己的需求调整豆包的字号，具体操作方法如下。

扫码看教学视频

步骤01 在豆包App的“对话”界面，点击右上角的•••按钮，进入相应的界面，点击“字号调整”按钮，如图7-28所示。

步骤02 执行操作后，进入“字号调整”界面，❶向右拖曳下方的滑块，将字号调大；❷点击“确认”按钮，如图7-29所示。

步骤03 执行操作后，弹出“重启生效”对话框，点击“重启”按钮，如图 7-30 所示。

步骤04 执行操作后，即可将豆包的字号调大，如图7-31所示。

图7-28　点击“字号调整”按钮

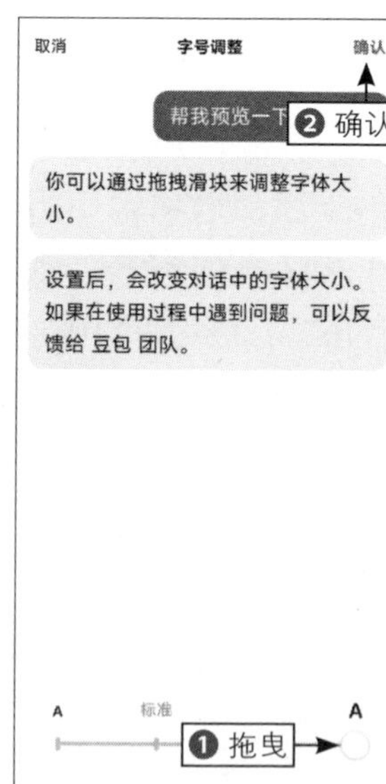

图7-29　点击“确认”按钮

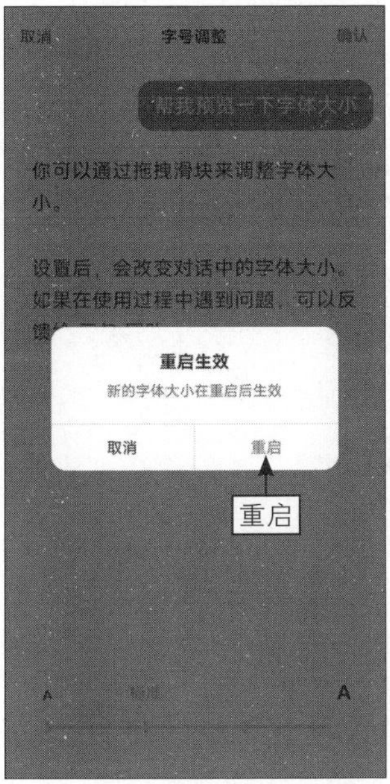

图 7-30　点击“重启”按钮

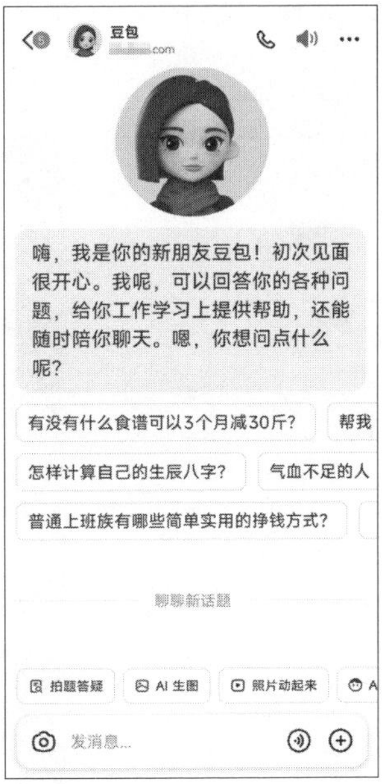

图 7-31　将豆包的字号调大

7.2　豆包手机版的常用功能

在介绍完豆包手机版的基础功能后，本节将对豆包手机版的常用功能，如“拍题答疑”“AI生图”等，进行深入地讲解。

7.2.1　拍题答疑

扫码看教学视频

豆包的“拍照答疑”功能十分强大且便捷，无论是理科的数学、物理、化学题目，还是文科的语文阅读理解、历史分析等问题，都能进行解答。豆包识别题目后，会以引导的方式分步骤呈现解析，帮助用户学会解题方法，理解题目背后的知识点。用户还可以针对学习过程中的问题进行追问，模拟一对一教师解答的过程，有助于提升学习效率和效果，下面介绍使用“拍题答疑”功能的操作方法。

步骤 01 在豆包界面，点击左下角的“拍题答疑”按钮，如图7-32所示。

步骤 02 执行操作后，豆包会自动调用手机相机，用户可以点击左下角的相册按钮，如图7-33所示，从本地相册中选择已拍摄好的题目照片。另外，用户也可以将手机对准题目，拍照上传，但要确保内容清晰完整、无遮挡。

步骤 03 执行操作后，进入“所有照片”界面，选择相应的照片，如图7-34所示。

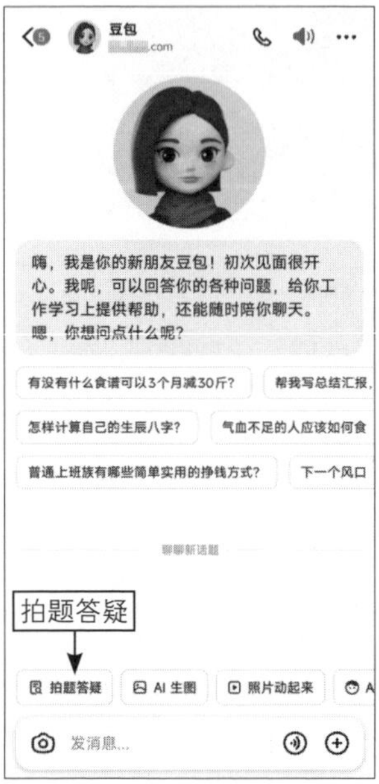

图 7-32　点击“拍题答疑”按钮

图 7-33　点击相册按钮

图 7-34　选择相应的照片

步骤 04 执行操作后，豆包会自动识别出照片中的题目，点击确认按钮☑，如图7-35所示。

步骤 05 执行操作后，豆包会迅速给出答案，同时展示详细的解题步骤和解析内容，如图7-36所示。

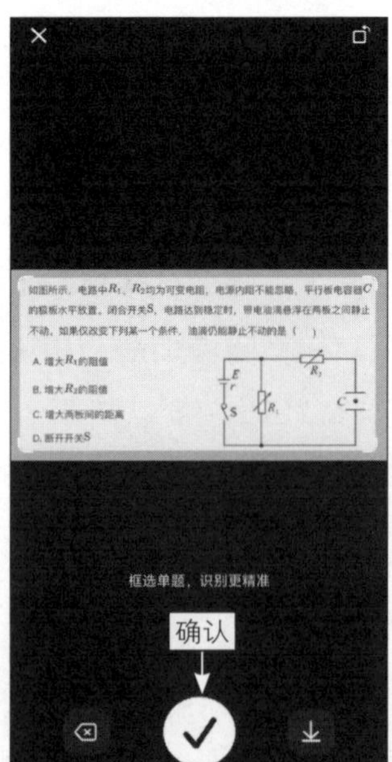

图 7-35　点击确认按钮

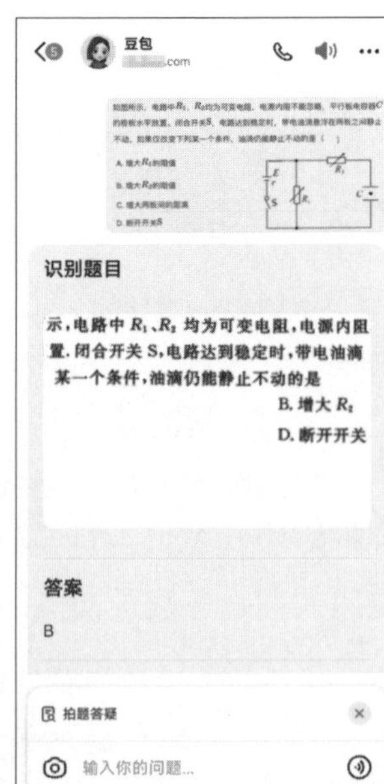

图 7-36　豆包会迅速给出答案

7.2.2　AI生图

扫码看教学视频

豆包的“AI生图”功能，支持文生图和图生图。用户可以通过输入文字描述或上传参考图，生成多种类型的图像，如插画、卡通、水墨等，如图7-37所示。

图 7-37　效果展示

下面介绍使用豆包App的“AI生图”功能的操作方法。

步骤 01 在豆包App的“新对话”界面，点击下方的“AI生图”按钮，如图7-38所示。

步骤 02 执行操作后，进入相应的界面，❶选择“写真”模板；❷设置图像比例为9∶16；❸在提示词输入框中输入相应的提示词，如图7-39所示。

步骤 03 点击发送按钮⬆，稍等片刻，豆包会生成4张精美的图像，如图7-40所示。

图 7-38　点击“AI 生图”按钮

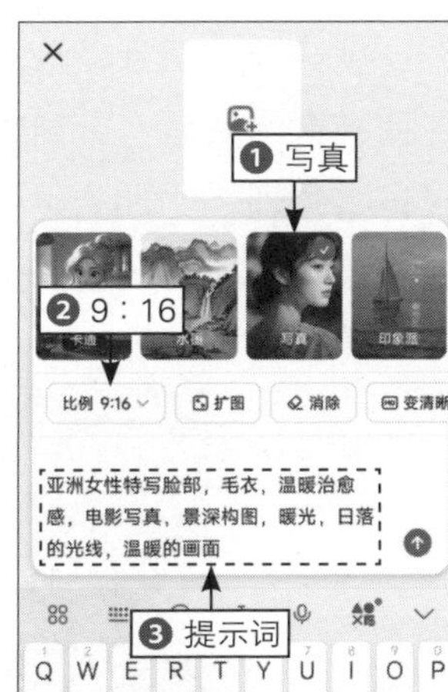

图 7-39　输入相应的提示词

步骤 04 点击相应的图像，即可放大预览图像效果，点击左下角的下载按钮，如图7-41所示，可将图像保存到手机相册中。

图 7-40　生成 4 张精美的图像

图 7-41　点击下载按钮

7.2.3 照片动起来

豆包的“照片动起来”功能，能精准识别照片里的人物、景物等各种元素，然后有针对性地赋予它们动态效果，使不同元素的动态表现自然合理，比如人物的眼睛眨动、嘴角上扬，景物的枝叶摇曳、水波荡漾等，视频效果如图7-42所示。

扫码看教学视频

图 7-42　视频效果展示

下面介绍使用豆包的“照片动起来”功能的操作方法。

步骤 01 在“新对话”界面，点击下方的“照片动起来”按钮，如图7-43所示。

步骤 02 执行操作后，进入相应的界面，点击上方的按钮，如图7-44所示。

步骤 03 执行操作后，进入“所有照片”界面，选择相应的照片，如图7-45所示。

步骤 04 执行操作后，即可成功上传所选择的照片，❶设置视频比例为3：4；❷在提示词输入框中输入相应的提示词，如图7-46所示。

图7-43　点击“照片动起来”按钮

图7-44　点击相应的按钮

步骤 05 点击发送按钮，稍等片刻，豆包会生成一段相关的视频，点击视频左下角的下载按钮，如图7-47所示，即可将视频下载保存。

图7-45　选择相应的照片

图7-46　输入相应的提示词

图7-47　点击下载按钮

7.2.4 AI写真

利用豆包的“AI写真”功能，可以生成各种风格的写真，无论是文艺复古风、现代简约风，还是时尚潮流风、优雅古典风等，都能满足用户的个性化需求，还能够为用户打造出不同的拍摄场景，如浪漫的海边、宁静的森林、繁华的都市街道、梦幻的童话世界等，让用户体验在各种场景中拍摄写真的感觉。

扫码看教学视频

借助先进的AI技术，豆包会对上传的照片进行智能优化，包括自动美颜、磨皮、美白、祛斑等，还能优化画质，提升照片的清晰度和质感。另外，豆包还支持背景替换功能，用户可以选择自己喜欢的背景图片，或者让豆包自动生成合适的背景，使写真照片更具创意和特色，其效果如图7-48所示。

图 7-48 效果展示

下面介绍使用豆包的“AI写真”功能的操作方法。

步骤 01 在“豆包”界面，点击下方的“AI写真”按钮，如图7-49所示。

步骤 02 执行操作后，进入“创建分身”界面，点击“点击上传照片”按钮，如图7-50所示。

步骤 03 执行操作后，进入相应的界面，在“照片”选项卡下方，❶选择需要上传的照片素材；❷点击“添加”按钮，如图7-51所示。

步骤 04 执行操作后，返回“创建分身”界面，点击界面下方的“完成”按钮，如图7-52所示。

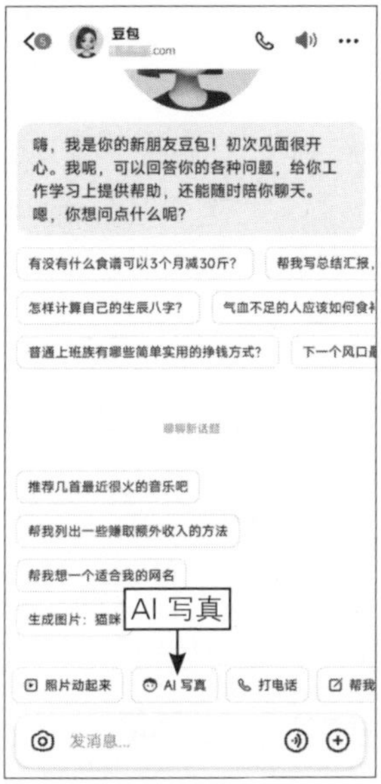

图 7-49　点击“AI 写真”按钮

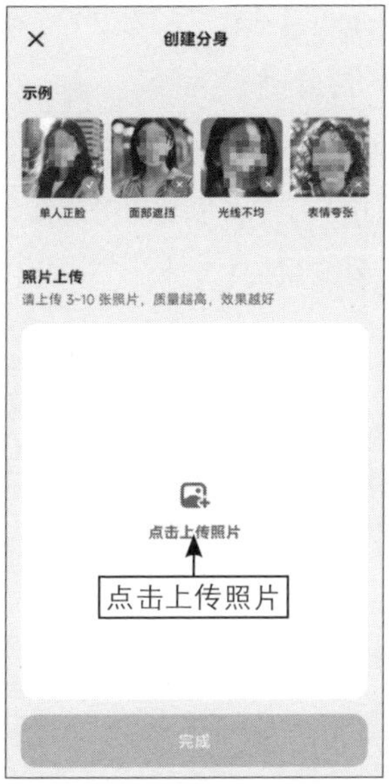

图 7-50　点击相应的按钮

图 7-51　点击“添加”按钮

步骤 05 执行操作后，豆包即可创建一个写真分身，并自动生成一张写真照片，如图7-53所示。

步骤 06 点击“AI写真”按钮，弹出“我的分身”面板，在下方选择一个喜欢的模板，点击“做同款”按钮，如图7-54所示。

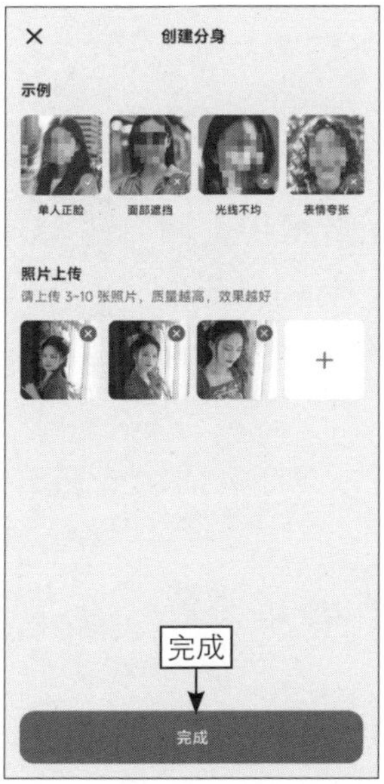

图 7-52　点击“完成”按钮

图 7-53　生成写真照片

图 7-54　点击“做同款”按钮

步骤07 执行操作后，❶即可生成一张新的写真；❷点击“AI写真”按钮，如图7-55所示，即可弹出“我的分身”面板。

步骤08 ❶点击“我的分身”按钮；❷在弹出的列表框中，选择“删除分身”选项，如图7-56所示，即可将刚才创建的写真分身删除。另外，用户也可以点击“重新上传”按钮，上传新的照片素材，重新生成一个分身。

图 7-55　点击相应的按钮

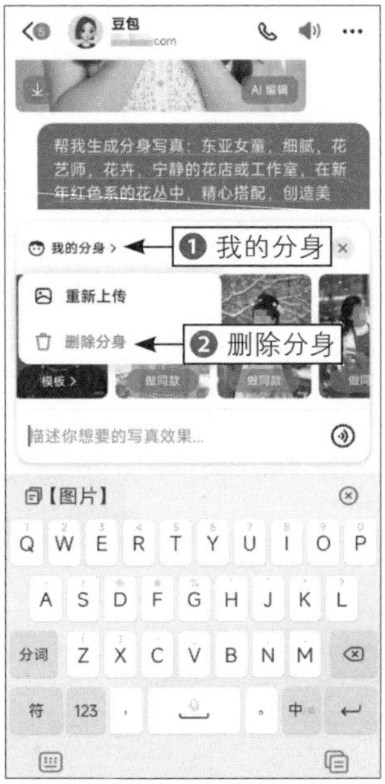

图 7-56　选择“删除分身”选项

7.2.5　打电话

豆包的“打电话”功能，能够针对不同的情境，精准模仿不同的声线，还可以根据交流内容表达各种情绪，如喜悦等，与用户产生情感共鸣。另外，豆包还能精准地捕捉用户话语中的情绪，并给予回应。下面介绍使用豆包的“打电话”功能的操作方法。

扫码看教学视频

步骤01 在豆包App的“新对话”界面，点击下方的“打电话”按钮，如图7-57所示。

步骤02 执行操作后，即可开始与豆包进行通话，点击“选择情境”按钮，如图7-58所示。

步骤03 在弹出的面板中选择“英语陪练”选项，如图7-59所示。

步骤04 执行操作后，即可开始与豆包用英语进行交流，点击“字幕”按钮，显示当前的对话内容，如图7-60所示。点击×按钮，即可挂断当前与豆包的通话。

图 7-57　点击“打电话”按钮

图 7-58　点击“选择情境”按钮

图 7-59　选择“英语陪练”选项

图 7-60　点击“字幕”按钮

7.2.6 帮我写作

扫码看教学视频

豆包的“帮我写作”功能非常实用，能够创作各种类型的内容，如作文、宣传文案、论文、小说、脚本等，满足用户在学习、工作、生活等不同场景下的写作需求。下面介绍使用豆包的“帮我写作”功能的操作方法。

步骤 01 在豆包 App 的“新对话”界面，点击下方的“帮我写作”按钮，如图 7-61 所示。

步骤 02 执行操作后，弹出“帮我写作”板块，在“类型”下方选择“评语”选项，如图7-62所示，设置写作内容的类型。

步骤 03 ❶点击“写作风格”右侧的下三角按钮⌄；在弹出的列表框中，❷选择“高情商”选项，如图7-63所示，设置评语的写作风格。

步骤 04 采用同样的方法，设置“长度”为“中”、“语言”为“中文”，如图 7-64 所示。

步骤 05 ❶在提示词输入框中输入相应的提示词；❷点击发送按钮，如图7-65所示。

步骤 06 执行操作后，即可将提示词发送给豆包，豆包会根据提示词和设置的各项要求，生成所需的内容，如图 7-66 所示。

图 7-61　点击“帮我写作”按钮

图 7-62　选择“评语”选项

图 7-63　选择“高情商”选项

图 7-64　设置长度、语言

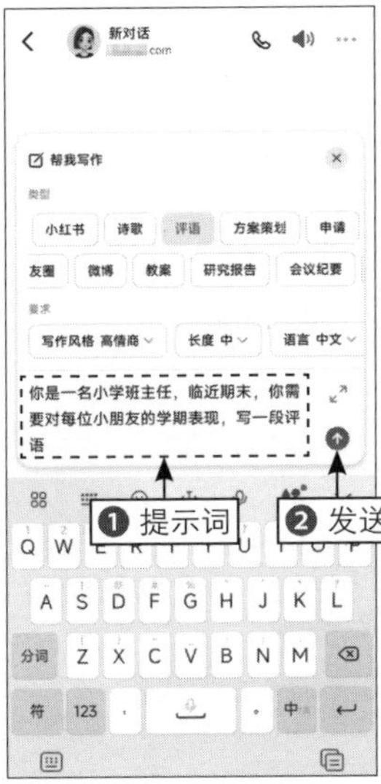

图 7-65　点击发送按钮

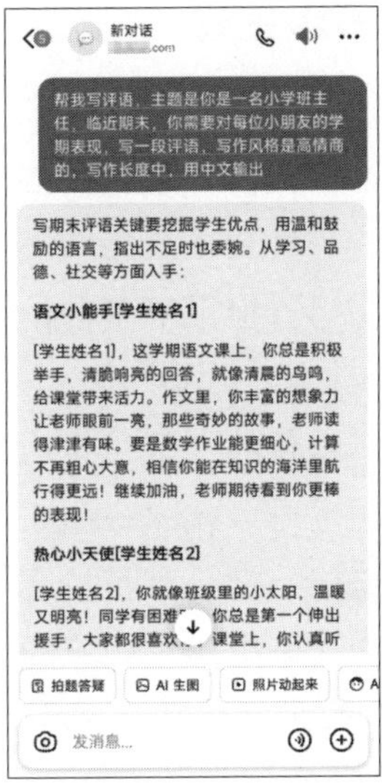

图 7-66　生成所需的内容

步骤 07 下面是相关提示词和回复内容。

提示词

你是一名小学班主任，临近期末，你需要对每位小朋友的学期表现写一段评语。

豆包

写期末评语关键要挖掘学生的优点，使用温和、鼓励的语言，指出不足时也要委婉。从学习、品德、社交等方面入手。

语文小能手[学生姓名1]

[学生姓名1]，这学期语文课上，你总是积极举手，清脆响亮的回答，就像清晨的鸟鸣，给课堂带来了活力。作文里，你丰富的想象力让老师眼前一亮，那些奇妙的故事，老师读得津津有味。要是数学作业能更细心，计算不再粗心大意，相信你能在知识的海洋里航行得更远！继续加油，老师期待看到你更棒的表现！

热心小天使[学生姓名2]

[学生姓名2]，你就像班级里的小太阳，温暖又明亮！同学有困难时，你总是第一个伸出援手，大家都很喜欢你。课堂上，你认真听讲，积极思考，不过有时会忍不住和同桌小声聊天。要是能更专注，你的知识小城堡会搭建得又快又稳！老师相信，新的一年，你能成为更自律、更优秀的自己，老师为你加油！

运动小健将[学生姓名3]

[学生姓名3]，运动会上，你奔跑的身影就像一阵风，为班级赢得了不少荣誉，老师和同学们都为你骄傲！在学习上，你也很努力，虽然有些知识点理解起来有点慢，但你从不放弃，这种坚持不懈的精神特别可贵。要是能多花些时间阅读，积累更多知识，相信你会变得更出色！期待下学期，看到你在学习和运动上都闪闪发光！

7.2.7 音乐生成

豆包的“音乐生成”功能为用户提供了便捷、个性化的音乐创作体验。它不仅提供了包括民谣、流行、摇滚、国风、爵士、雷鬼、嘻哈等在内的11种音乐风格，满足不同用户的喜好和创作需求，还预设了快乐、伤感、浪漫等多种情绪状态，使生成的音乐能够更好地贴合用户想要表达的情感。

扫码看教学视频

另外，豆包的“音乐生成”功能具有歌词创作灵活的特点。用户既可以自行编写歌词，也可以输入一些关键词或短语，让豆包代为创作完整的歌词内容。生成的歌曲支持一键分享至抖音等社交平台，方便用户展示自己的创作成果。下面介绍使用“音乐生成”功能的操作方法。

步骤01 在“新对话”界面，点击下方的“音乐生成”按钮，如图7-67所示。

步骤02 执行操作后，弹出“音乐生成”设置区，❶选择“国风”模板；❷设置“氛围”为“忧郁”、“人声”为“女声”、“时长”为“全曲”；❸在下方的提示词输入框中输入歌词主题为“岁月年华”，如图7-68所示。

步骤03 点击发送按钮，即可获得豆包创作的音乐。点击左下角的下载按钮，如图7-69所示，即可将音乐下载保存。

图7-67　点击“音乐生成”按钮

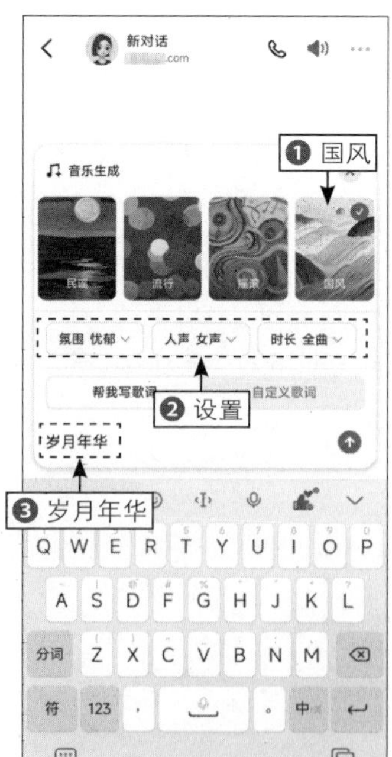

图7-68　输入歌词主题

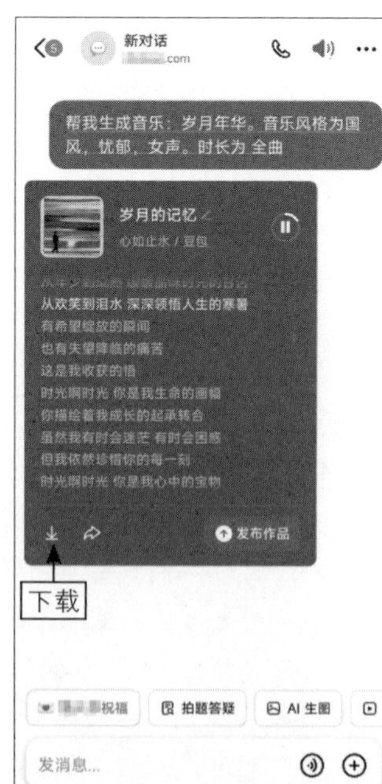

图7-69　点击下载按钮

7.2.8　豆包日报

扫码看教学视频

豆包的“豆包日报”功能具有诸多特点和优势，用户无须像使用新闻App那样在众多图标中翻找，只要打开豆包聊天界面就能看到日报，其内容涵盖国际大事、科技前沿、娱乐八卦、生活窍门等。用户还可以将关注偏好设置为特定领域，如科技、娱乐等，日报就会推送该领域的最新动态。

和普通新闻App不同，豆包日报不仅告知事件本身，还会深度解读背后的原因和影响，帮助用户增长知识。下面介绍使用“豆包日报”功能的操作方法。

步骤01 在“新对话”界面，点击下方的“豆包日报”按钮，如图7-70所示。

步骤02 执行操作后，弹出“豆包日报”面板，其中显示了一些新闻资讯，点击“偏好设置”按钮，如图7-71所示。用户若想获得更多的新闻资讯，可以点击“更多资讯”按钮。

步骤03 弹出“设置资讯偏好”面板，❶设置“资讯主题”为AI、“推送时间”为09：00；❷点击“保存”按钮，如图7-72所示，将设置保存，从第二天开始每天9点，豆包会准时推送用户感兴趣的热点资讯。如果用户觉得面板中的“推送时间”跟自身日程有冲突，可以点击“自定义”按钮，根据实际需求设置推送时间。

图7-70　点击“豆包日报”按钮

图7-71　点击“偏好设置”按钮

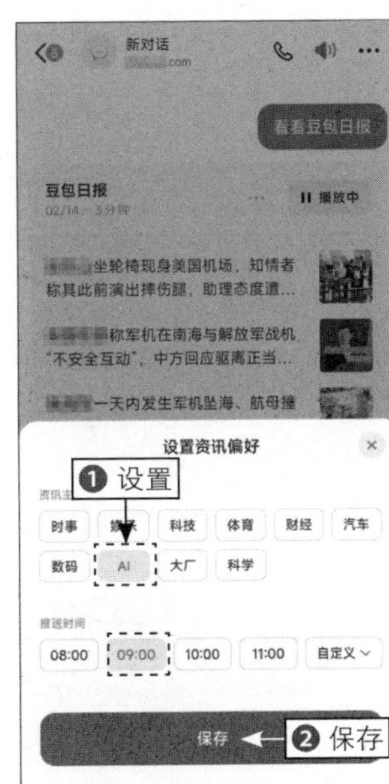

图7-72　点击“保存”按钮

7.2.9 健康咨询

豆包的“健康咨询”功能不仅能够为用户提供各种健康知识，涵盖疾病预防、养生保健、营养膳食、心理健康等多个领域，如解释常见疾病的发病机制、传播途径、预防方法等；还能根据用户输入的个人生活习惯，如饮食偏好、运动情况、睡眠质量等，给出具有针对性的生活方式调整建议，帮助用户养成健康的生活习惯。

扫码看教学视频

另外，豆包还能对用户描述的一些常见身体症状，如头痛、咳嗽、乏力等，进行初步的分析和可能原因的推测，告知用户可能存在的问题，但不会进行疾病诊断。

值得注意的是，豆包还能够为用户提供附近的医疗机构信息，包括医院、诊所的地址、联系方式、科室特色等，方便用户获取医疗资源信息。下面介绍使用豆包的“健康咨询”功能的操作方法。

步骤01 在豆包App的“新对话”界面，点击下方的“健康咨询”按钮，如图7-73所示。

步骤02 执行操作后，即可自动发送“帮我解答健康问题”，并得到豆包提供的建议，在下方的提示词输入框中，输入相应的提示词，如图7-74所示。

图 7-73　点击“健康咨询”按钮

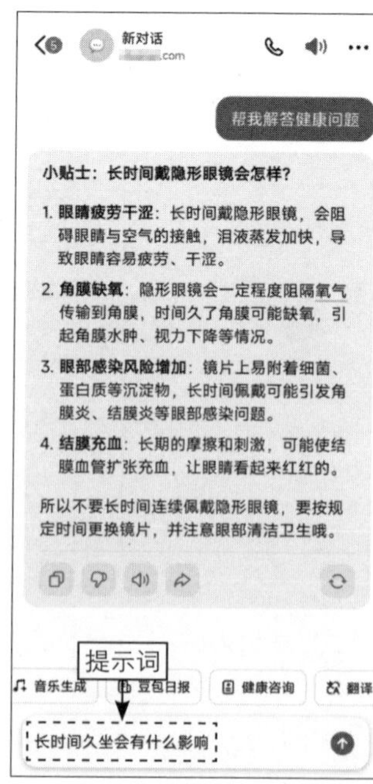

图 7-74　输入相应的提示词

步骤 03 点击按钮，即可将提示词发送给豆包，豆包会根据要求生成所需的内容，相关提示词和回复内容如下。

提示词

长时间久坐会有什么影响?

豆包

长时间久坐会对身体产生多方面的不良影响，具体如下。

1. 对肌肉骨骼的影响

（1）腰背部疼痛：久坐时，腰椎承受的压力增大，腰部肌肉长时间处于紧张状态，易引发腰肌劳损，导致腰背部疼痛，长期还可能增加腰椎间盘突出的发病风险。

（2）颈椎问题：长时间低头看手机等，颈椎处于过度前屈位，颈椎间盘压力增加，颈部肌肉劳损，可能出现颈椎生理曲度变直、颈椎病等，表现为颈部疼痛、僵硬及上肢麻木等症状。

（3）下肢肌肉萎缩：久坐使下肢肌肉活动减少，血液循环减慢，肌肉力量逐渐下降，可能出现肌肉萎缩，还会影响关节灵活性，增加关节疾病风险。

2. 对心血管系统的影响

（1）血液循环减缓：久坐使身体代谢率降低，血液流动速度变慢，容易在下肢静脉形成血栓，若血栓脱落进入肺部，可能引发肺栓塞，严重时危及生命。

（2）心血管疾病风险上升：久坐还会导致脂肪代谢减慢，血脂升高，血糖调节能力下降，增加患冠心病、高血压等心血管疾病的风险。

……

7.2.10　AI翻译

豆包的“翻译”功能能够自动检测出其他语种，并将其翻译成简体中文、繁体中文或英语。用户既可以直接在输入框中输入或粘贴需要翻译的内容，也可以使用语音输入，说出想要翻译的文本。下面介绍使用豆包的“翻译”功能的操作方法。

扫码看教学视频

步骤 01 在“新对话”界面，点击下方的“翻译”按钮，如图7-75所示。

步骤 02 执行操作后，弹出“翻译”面板，❶点击“简体中文”右侧的下三角按钮；❷在弹出的列表框中，选择“英语”选项，如图7-76所示。

步骤 03 在下方的提示词输入框中，输入需要翻译的文本，如图7-77所示。

图 7-75 点击“翻译”按钮

图 7-76 选择“英语”选项

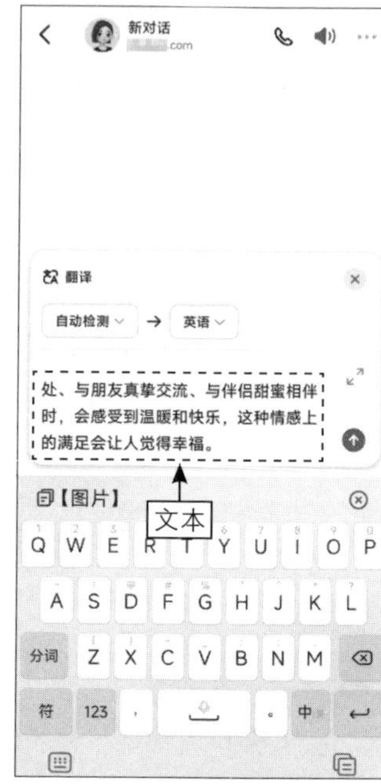

图 7-77 输入需要翻译的文本

步骤 04 点击⬆按钮，即可将文本发送给豆包，豆包会根据要求将文本翻译成所需的语言类型，相关提示词和回复内容如下。

提示词

幸福常常被视为一种内心深处的满足、喜悦和安宁的情感体验。当人们处于爱与被爱的关系中时，比如与家人温馨相处、与朋友真挚交流、与伴侣甜蜜相伴时，会感受到温暖和快乐，这种情感上的满足会让人觉得幸福。

豆包

Happiness is often regarded as an emotional experience of deep - seated contentment, joy, and peace. When people are in relationships of loving and being loved, such as getting along cozily with family members, communicating sincerely with friends, and being sweetly accompanied by their partners, they will feel warmth and happiness. This kind of emotional satisfaction makes people feel happy.

7.2.11 来点音乐

豆包的“来点音乐”功能可以为用户随机推荐音乐并播放，下面介绍使用豆包的“来点音乐”功能的操作方法。

扫码看教学视频

步骤 01 在“新对话”界面，点击下方的“来点音乐”按钮，如图7-78所示。

步骤 02 执行操作后，豆包会推荐一些音乐，并自动播放，如图7-79所示。

步骤 03 点击“查看歌单”按钮，会显示全部音乐，如图7-80所示，用户可以播放自己喜欢的音乐。

图 7-78　点击“来点音乐”按钮

图 7-79　推荐一些音乐

图 7-80　显示全部音乐

7.2.12　录音纪要

豆包的“录音纪要”功能采用种子—自动语音识别（Seed-Automatic Speech Recognition，Seed-ASR）技术，对生词、专业术语及带有方言和口音的语音识别都较为准确，还能结合上下文进行智能识别。

扫码看教学视频

不仅如此，豆包能够自动分析录音内容，提取如会议主题、讨论要点、时间节点等关键信息，以清晰的结构呈现给用户。结束录音后，会对录音内容进行结构化的智能总结，还可识别不同说话人，根据语境理解上下文，自动修正个别字词概念。

在录音过程中，即使手机进入息屏状态，录音也不会中断，下面介绍使用豆包的“录音纪要”功能的操作方法。

步骤 01 在豆包App的“新对话”界面，点击界面下方的“录音纪要”按钮，如图7-81所示。

步骤02 执行操作后，豆包会自动开始录音，并显示识别到的文字，会议结束后，点击“结束录音纪要”按钮，如图7-82所示。

步骤03 弹出“结束录音纪要吗？”对话框，点击“结束”按钮，如图7-83所示，即可结束录音。

步骤04 录音结束后，豆包会对录音内容进行智能总结，点击“查看详情”按钮，如图7-84所示。

图 7-81　点击“录音纪要”按钮

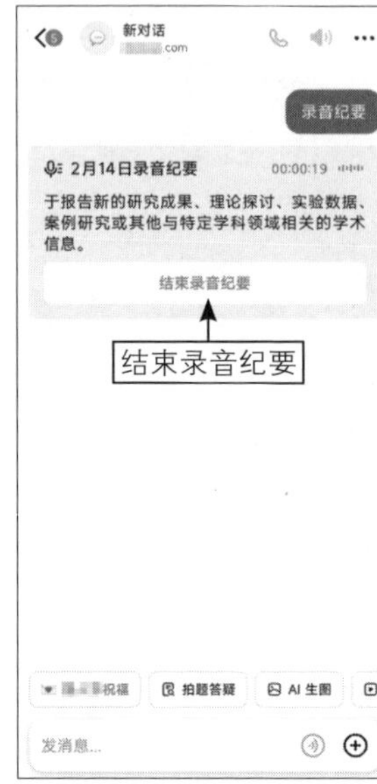

图 7-82　点击相应的按钮

步骤05 执行操作后，进入“期刊论文介绍”界面，其中显示了豆包总结的相关内容，如图7-85所示。点击“原文”按钮，可以查看豆包识别出的原文记录。

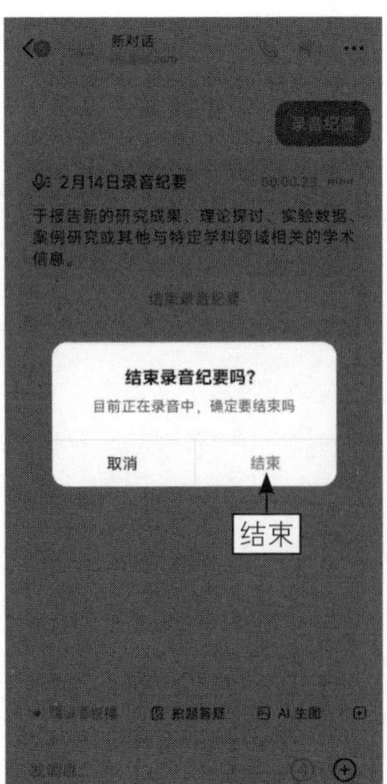

图 7-83　点击“结束”按钮

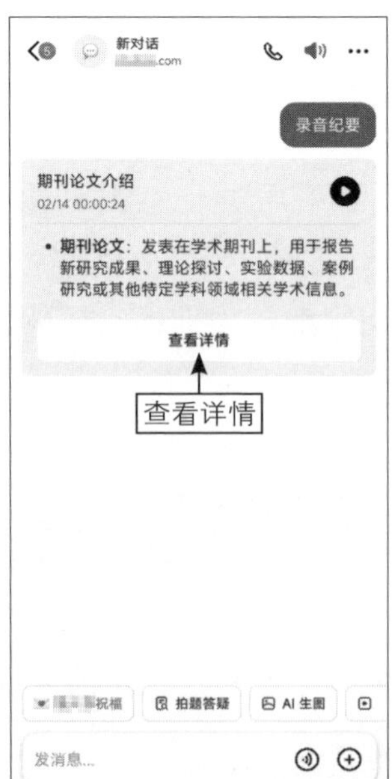

图 7-84　点击“查看详情”按钮

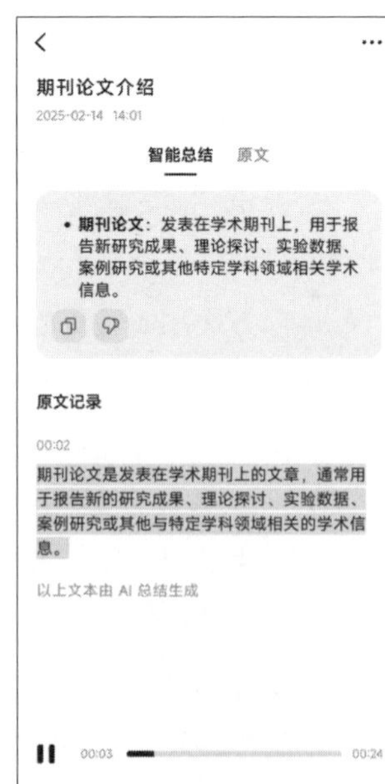

图 7-85　显示相关内容

7.2.13　日程提醒

扫码看教学视频

用户可以使用豆包的“日程提醒”功能，将需要豆包提醒的事件与时间发送给豆包，到时即可收到豆包的提醒。下面介绍使用豆包的“日程提醒”功能的操作方法。

步骤01 在“新对话”界面，点击“日程提醒”按钮，如图7-86所示。

步骤02 执行操作后，弹出“日程提醒”面板，在输入框中，输入与需要提醒的事件与时间有关的提示词，如图7-87所示。

图 7-86　点击“日程提醒”按钮

图 7-87　输入有关提示词

步骤03 点击按钮，将事件与时间发送给豆包，得到豆包的询问，如图7-88所示，要求提供具体的时间。

步骤04 将具体的时间发送给豆包，得到豆包的回复，即可成功设置日程提醒，如图7-89所示。

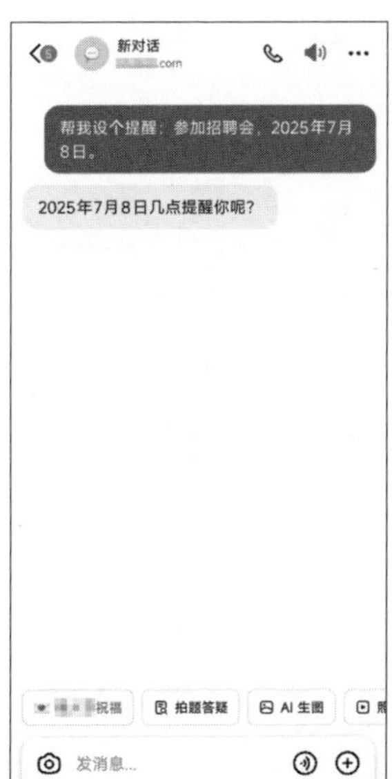

图 7-88　得到豆包的询问

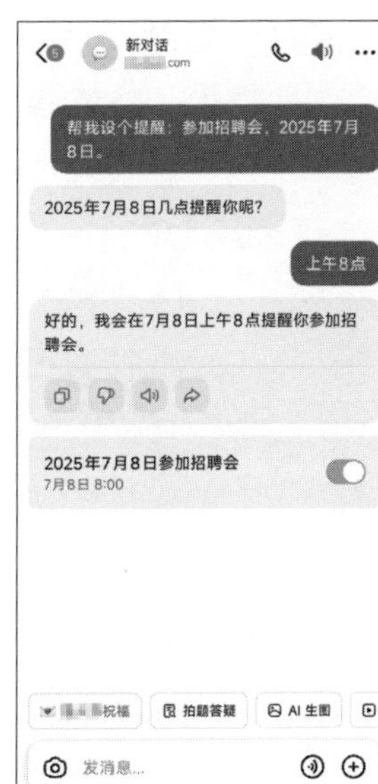

图 7-89　成功设置日程提醒

7.2.14 文档阅读

扫码看教学视频

豆包的“文档阅读”功能能够快速且精准地理解各种文档内容，无论是冗长复杂的学术论文，还是数据繁多的工作报表，都能提炼出关键信息，帮助用户快速掌握文档的核心内容。下面介绍使用豆包的“文档阅读”功能的操作方法。

步骤 01 在“新对话”界面，点击“文档阅读”按钮，如图7-90所示。

步骤 02 执行操作后，进入“最近”界面，点击WPS Office按钮，如图7-91所示。

图 7-90 点击“文档阅读”按钮

图 7-91 点击 WPS Office 按钮

步骤 03 在“最近”选项卡的下方，选择相应的文档，如图7-92所示。

步骤 04 执行操作后，即可将文档上传到提示词输入框的上方，并输入相应的提示词，如图7-93所示。

图 7-92 选择相应的文档

图 7-93 输入相应的提示词

步骤05 点击发送按钮，即可得到豆包生成的回复。下面展示了对应的提示词及豆包生成的内容。

提示词

阅读文档内容，将其扩写，再生成一段关于该文档的简短总结。

豆包

人工智能在自动驾驶中的应用与进展

摘要

本文深入探讨了人工智能在自动驾驶领域的应用及其进展情况。自动驾驶技术依靠人工智能、视觉计算、雷达、监控装置和全球定位系统等多种技术的协同合作，实现了车辆在无人类主动操作下的自动安全行驶。文章开篇介绍了自动驾驶技术的发展背景，随后详细阐述了人工智能在自动驾驶中的应用领域，涵盖感知与识别、决策与控制、信息共享与协同驾驶等方面。接着深入分析了人工智能在自动驾驶中面临的挑战，包括数据安全与隐私保护、法规与政策缺失、技术难题等。最后，对人工智能在自动驾驶领域的未来发展趋势进行了展望，涉及技术创新、跨领域融合等内容。旨在为相关领域的研究和应用提供全面参考。

引言

在当今时代，信息技术正以前所未有的速度蓬勃发展，人工智能作为其中的核心驱动力，已成为推动各行各业发生深刻变革的关键力量……

总结

《人工智能在自动驾驶中的应用与进展》一文探讨了人工智能在自动驾驶领域的应用、进展、挑战和未来的趋势。自动驾驶技术借助多种技术协同实现车辆自动行驶。其发展历经从辅助驾驶到高度自动化的过程。人工智能在自动驾驶中应用广泛，感知与识别依靠多种传感器和人工智能技术获取并理解环境信息；决策与控制通过分析数据制定行驶策略，深度学习发挥关键作用；信息共享与协同驾驶借助车联网技术实现车辆与外界信息交互和协同决策。不过，人工智能在自动驾驶中面临数据安全、法规政策缺失和技术难题等挑战。未来，自动驾驶将朝着技术创新和跨领域融合方向发展，有望带来更安全、高效的出行体验，推动社会经济变革，但需各方共同努力应对现存问题。

7.2.15　网页阅读

扫码看教学视频

豆包的“网页阅读”功能具有操作便捷、形式多样、内容丰富及互动性强的特点，用户只需将网址提供给豆包，即可快速获得网页内容的总结。豆包支持以文本、语音、思维导图等形式重新呈现网页内容，不仅能总结网页中的文本内容，还能对视频内容进行智能解读和总结。下面介绍使用豆包的“网页阅读”功能的操作方法。

步骤01 在“新对话”界面，点击“网页阅读”按钮，如图7-94所示。

步骤02 执行操作后，弹出“网页阅读”面板，在提示词输入框中输入相应的网址，如图7-95所示。

步骤03 点击发送按钮，即可得到豆包生成的回复。下面展示了对应的提示词及豆包生成的内容。

图7-94　点击“网页阅读”按钮

图7-95　输入相应的网址

提示词

https://www.toutiao.com/article/7452560741686608399/?log_from=7048173559603_1739525039200

豆包

该网页主要介绍零基础学剪映的内容，包括剪映的剪辑功能、相关书籍和学习交流渠道。
剪映剪辑功能教学：涵盖关键帧、抠图、卡点等多种功能。如关键帧是运动起始或转折点，动画常需两个及以上关键帧；抠图有“智能抠像”和“色度抠图”两种方式；卡点可自动生成或手动添加踩点。
推荐学习书籍：《剪辑师手册：视频剪辑与创作从入门到精通（剪映版）》，书中从12个层面讲解视频剪辑，随书赠送330个素材和115个教学视频，在多个电商平台均有销售。
学习交流渠道：鼓励读者留言交流摄影技巧，还可关注“龙飞摄影”公众号，进行投稿、参与点评与影展。

7.3　本章小结

本章详细介绍了豆包手机版的核心功能，主要分为基础功能和常用功能两大部分。在基础功能方面，豆包手机版支持创建新对话、使用语音对话模式、上传并分析本地文件、删除聊天记录、查找聊天内容等，同时还提供了个性化设置，如设置个人形象和调整字号，以满足用户的基本聊天和个性化需求。

在常用功能方面，豆包手机版则展现出了其强大的AI应用能力。无论是拍题答疑、AI生图、照片动起来等多种创意功能，还是帮我写作、音乐生成、豆包日报等实用功能，都极大地丰富了用户的使用体验。

7.4　课后实训

扫码看教学视频

鉴于本章知识的重要性，为了帮助读者更好地掌握所学知识，本节将通过课后实训，帮助读者进行简单的知识回顾和补充。

实训任务：使用豆包的“拍题答疑”功能，解答一道英语题。

步骤 01 在“新对话”界面，点击左下角的“拍题答疑”按钮，如图7-96所示。

步骤 02 执行操作后，豆包会自动调用手机相机，用户可以点击左下角的相册按钮，如图7-97所示，从本地相册中选择已拍摄好的题目照片。

步骤 03 执行操作后，进入“所有照片”界面，选择相应的照片，如图7-98所示。

图 7-96　点击“拍题答疑”按钮

图 7-97　点击相册按钮

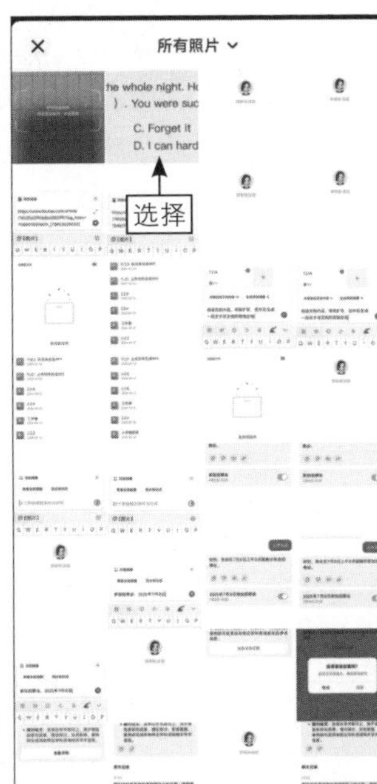

图 7-98　选择相应的照片

步骤 04 执行操作后，豆包会自动识别出照片中的题目，点击确认按钮☑，如图7-99所示。

步骤 05 执行操作后，豆包会迅速给出答案，同时展示详细的选项和考点分析，如图7-100所示。

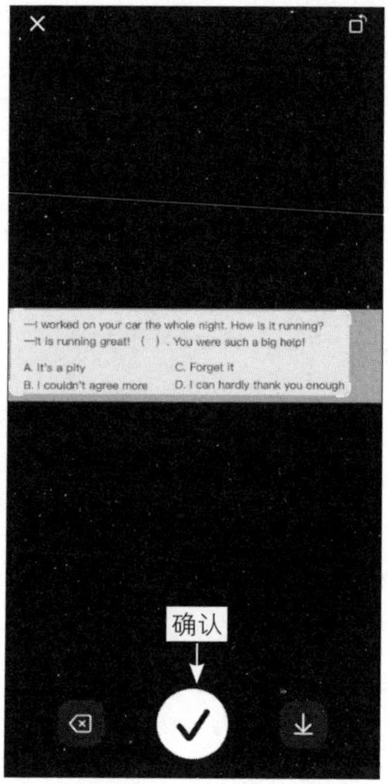

图 7-99　点击确认按钮

图 7-100　豆包会迅速给出答案

第 8 章

豆包网页版的核心功能

本章将深入探讨豆包网页版的核心功能，从基础功能到常用功能逐一展开介绍。无论是开启新对话、上传并总结文档，还是管理历史对话、使用语音输入和AI智能体，豆包网页版都具备。同时，其常用功能更是涵盖了学术搜索、音乐生成、写作辅助、图像生成等多个领域，为用户带来了前所未有的智能体验。

8.1　豆包网页版的基础功能

豆包能够理解和回应用户的自然语言问题，无论是日常对话还是专业知识，都能提供相应的回答，而且可以满足多语言用户的需求。本节主要介绍一些豆包网页版的常用功能，帮助用户在日常办公中提高效率。

8.1.1　开启新对话

扫码看教学视频

当用户和豆包交流完一个话题后，若想开启新对话，只需单击页面左上角的“新对话”按钮，即可开启新一轮的互动，并且之前的对话记录也会被清除。下面介绍在豆包中开启新对话的操作方法。

步骤 01 在豆包左侧的导航栏中，单击“新对话”按钮，如图8-1所示。

步骤 02 执行操作后，即可开启一个新的对话页面，在上方的输入框中，输入相应的提示词，用于指导AI生成特定的内容，如图8-2所示。

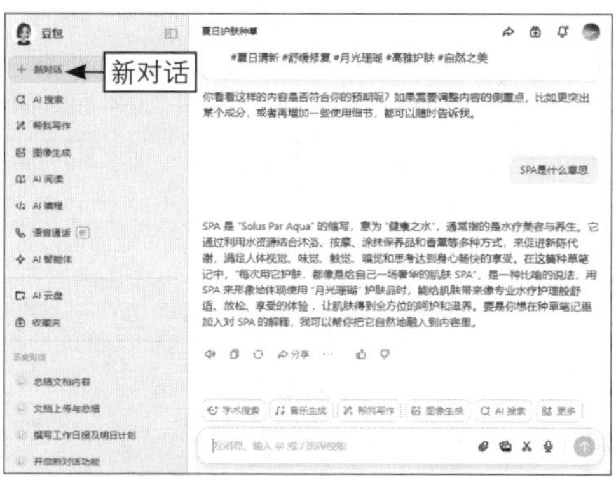

图 8-1　单击“新对话”按钮

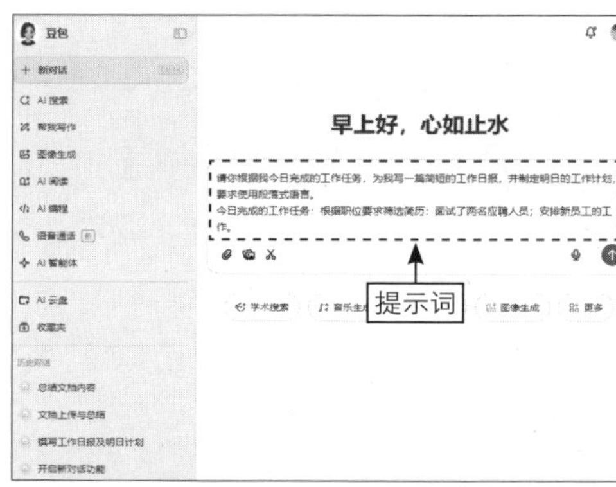

图 8-2　输入相应的提示词

步骤 03 单击按钮或按【Enter】键确认，即可将提示词发送给豆包，豆包会根据要求生成所需的内容，相关提示词和回复内容如下。

提示词

请你根据我今日完成的工作任务，为我写一篇简短的工作日报，并制订明日的工作计划，要求使用段落式语言。

今日完成的工作任务：根据职位要求筛选简历；面试了两名应聘人员；安排新员工的工作。

豆包

工作日报

日报日期：具体年月日周

> 员工姓名：你的名字
> 部门：具体部门
> 一、今日工作总结
> 1. 简历筛选：依据职位要求，对收到的简历进行仔细筛选，初步挑选出与岗位匹配度较高的候选人，为后续招聘工作奠定基础。
> 2. 人员面试：完成对应聘人员的面试工作，共面试两人。通过深入交流，了解他们的专业技能、工作经验及职业规划等，对应聘者的综合能力有了较为全面的评估。
> 3. 新员工工作安排：为新入职员工安排了合适的工作内容，帮助他们快速融入团队，明确工作职责，使其能够尽快投入工作中。
> ……

步骤 04 单击豆包回复内容左侧的“复制”按钮，如图8-3所示，可以一键复制豆包生成的所有内容。如果用户对豆包回复的内容不满意，可以单击“复制”按钮右侧的“重新生成”按钮，豆包即可根据提示词重新回复。

步骤 05 单击“分享”按钮，如图8-4所示，可以将内容分享给其他人。用户可以根据需要单击对应的按钮，将对话内容以链接或图片的形式进行分享。

图 8-3　单击“复制”按钮

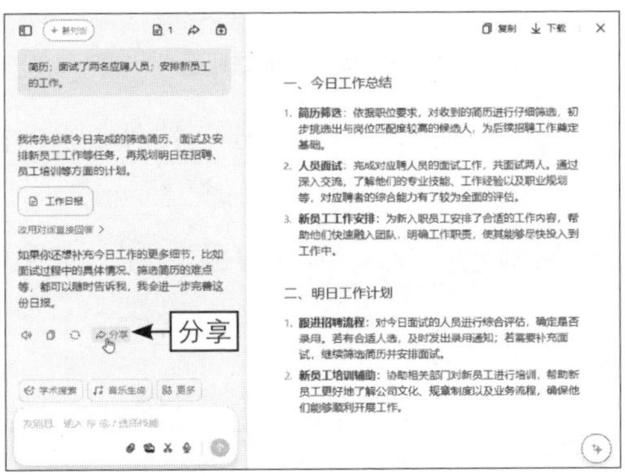

图 8-4　单击“分享”按钮

8.1.2　上传并总结文档

在工作中，用户经常需要用电脑浏览大量信息，其中不乏篇幅庞大的文章。面对这些内容，用户可能会感到既好奇又望而却步。幸运的是，有了豆包这个强大的文档处理工具，用户可以轻松地提取文章的精华部分。

扫码看教学视频

豆包具备卓越的文档解析和总结技能，它支持打开多种格式的文档，包括PDF、Word、Excel、PPT和TXT等。无论是长篇大论的报告，还是复杂的数据表格，豆包都能迅速提供摘要、翻译和答疑服务。

使用豆包阅读书籍或查找资料，可以极大地提高工作效率，因为它允许用户直接针对文档内容提出问题，而不必亲自翻阅查找答案。下面介绍上传并总结文档的操作方法。

步骤 01 在豆包提示词输入框左侧，单击🖇按钮，如图8-5所示。

步骤 02 执行操作后，弹出“打开”对话框，选择需要上传的文档，如图8-6所示。

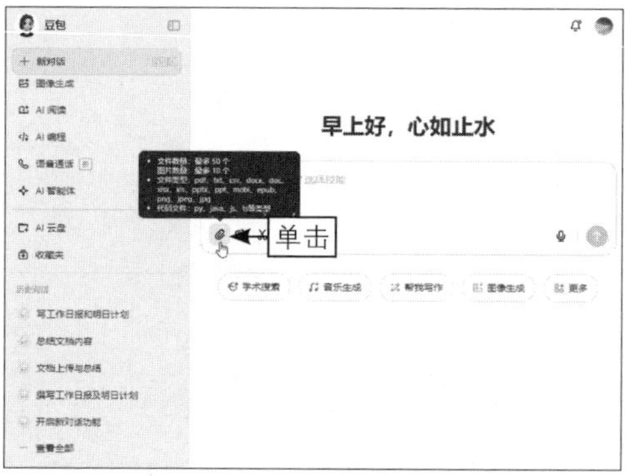

图 8-5　单击相应按钮

图 8-6　选择需要上传的文档

步骤 03 单击“打开”按钮，即可上传文档，并显示在提示词输入框的上方，如图8-7所示。

步骤 04 输入相应的提示词，要求豆包总结文档内容，如图8-8所示。

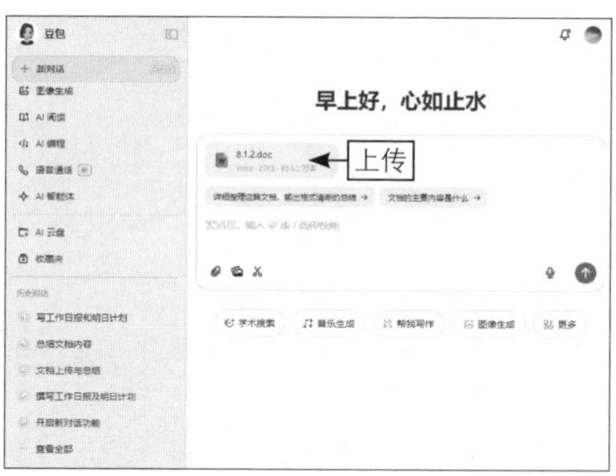

图 8-7　上传文档

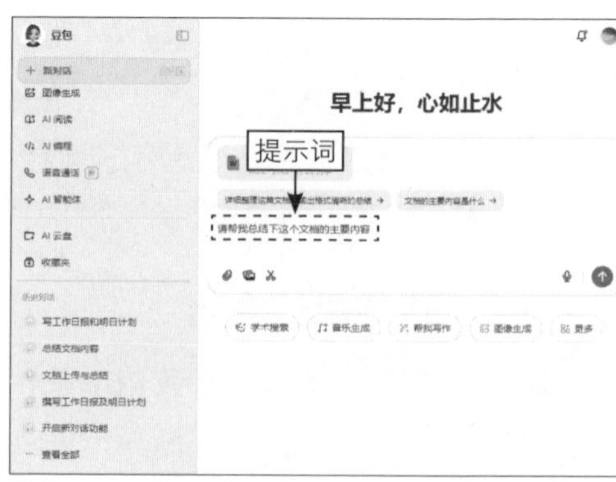

图 8-8　输入相应的提示词

步骤 05 按【Enter】键确认，豆包会自动总结文档内容，下面是相关的提示词和回复内容。

提示词

请帮我总结下这个文档的主要内容。

豆包

该文档主要介绍了短视频作为互联网内容传播方式的发展历程，涵盖过去、现在与对未来的展望，具体内容如下。

一、发展历程

1. 萌芽期（2005年—2012年）：短视频概念源于2005年YouTube成立，2011年左右中国兴起。同年，GIF快手成立，微博兴起微电影概念；2012年美国的Vine成立。

2. 成长期（2013年—2015年）：移动互联网和智能手机的普及推动了行业的发展，秒拍、微视等众多平台涌现，内容向多元化、垂直细分领域发展。

3. 爆发期（2016 年—2018 年）：行业融资频繁，内容垂直化，巨头纷纷布局，用户规模激增。抖音海外版TikTok崛起，短视频题材更加丰富。

4. 稳定发展期（2019年至今）：竞争格局稳定，呈现内容精品化、社交属性增强、商业化成熟等特征……

8.1.3　添加并解析图片

扫码看教学视频

豆包拥有一项令人印象深刻的功能，那就是能够直接解析图片中的内容，并以清晰的条理输出这些信息。例如，当上传一张用手机拍摄的书本图片时，豆包能够准确地识别并分析图片中的所有文本。豆包还能处理思维导图、流程图等类型的图片，帮助用户进行分析和总结。

另外，用户还可以尝试让豆包解决数学问题。尽管豆包在某些情况下能给出正确的答案，但在识别特别复杂的数学公式方面还存在局限，这可能导致它给出的结果不准确。因此，建议大家在使用这项功能时要小心谨慎。需要特别注意的是，豆包无法解析不含文字的图片。下面介绍使用豆包上传并解析图片的操作方法。

步骤 01 在豆包提示词输入框左侧，单击“添加图片”按钮，如图8-9所示。

步骤 02 执行操作后，弹出“打开”对话框，选择需要上传的图片，如图8-10所示。

步骤 03 单击“打开”按钮，即可上传图片，并显示在提示词输入框的上方，如图8-11所示。

步骤 04 输入相应的提示词，要求豆包提取图片内容，如图8-12所示。

图 8-9　单击“添加图片”按钮

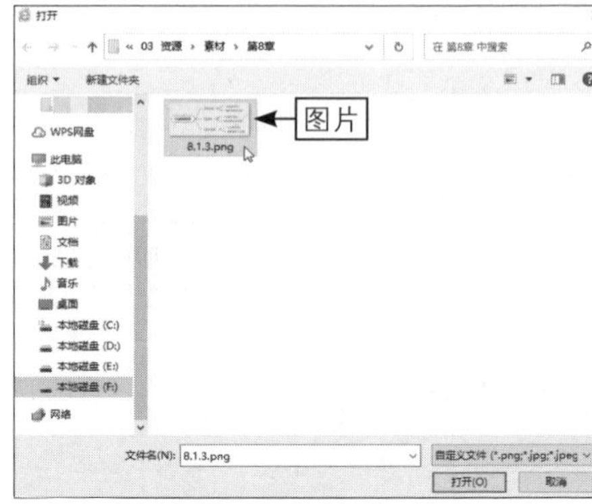

图 8-10　选择需要上传的图片

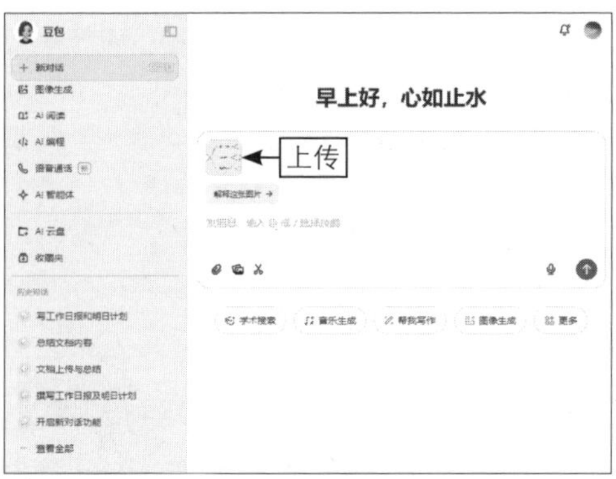

图 8-11　上传图片

图 8-12　输入相应的提示词

步骤 05 按【Enter】键确认，豆包会自动提取图片内容，下面展示了相关的提示词和回复内容。

提示词

提取图中的所有内容。

豆包

图中展示了“AI社群运营优势”的思维导图，主要内容如下。

1. 自动化管理：实时监测违规行为、智能分类和标签化成员。
2. 精准运营：深入挖掘用户需求、实时评估和优化活动效果。
3. 智能互动体验：24小时在线客服、智能回复和个性化推荐。

8.1.4　管理历史对话

扫码看教学视频

历史对话记录了用户与豆包之间的互动，这些记录不仅可以帮助用户回顾之前的对话内容，还能为豆包提供上下文信息，以便更好地理解和响应用户的需求。下面介绍在豆包网页版中管理历史对话的操作方法。

步骤 01 在豆包页面左侧的导航栏中，单击“历史对话”板块中的“查看全部”按钮，如图8-13所示。

步骤 02 执行操作后，即可显示所有的历史对话记录，单击相应历史对话记录右侧的···按钮，如图8-14所示。

图 8-13　单击“查看全部”按钮

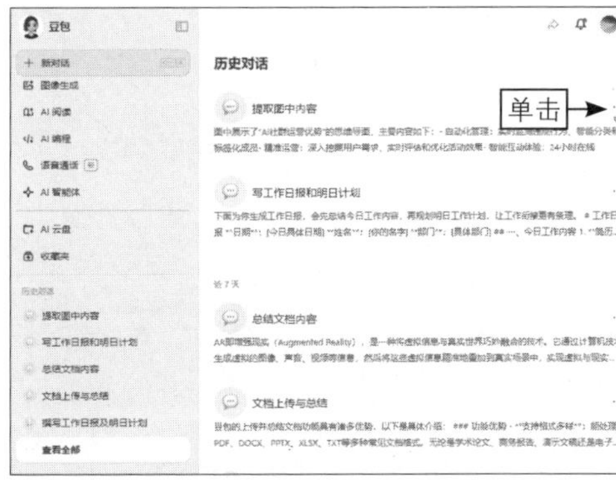

图 8-14　单击相应的按钮

步骤 03 在弹出的列表框中，选择“删除”选项，如图8-15所示。

步骤 04 执行操作后，弹出“确定删除对话？”对话框，单击“删除”按钮，如图8-16所示。

图 8-15　选择“删除”选项

图 8-16　单击“删除”按钮

步骤 05 执行操作后，即可删除相应的历史对话记录，如图8-17所示。

步骤 06 选择相应的历史对话记录，❶单击右侧的···按钮；在弹出的列表框中，❷选择“重命名”选项，如图8-18所示。

图 8-17　删除相应的历史对话记录

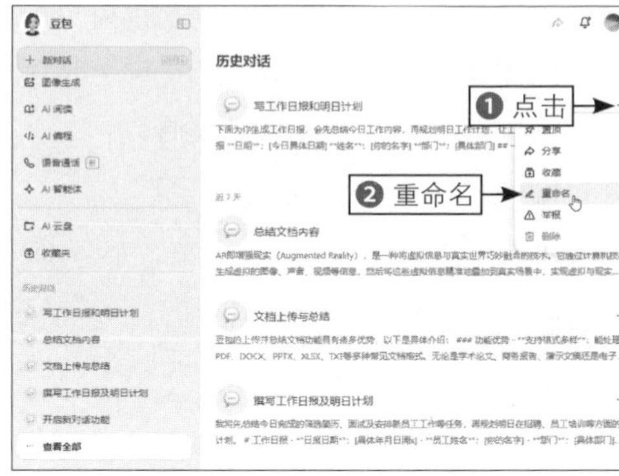

图 8-18　选择“重命名”选项

步骤 07 执行操作后，弹出“编辑对话名称”对话框，输入相应的新名称，如图8-19所示。

步骤 08 单击“确定”按钮，即可修改相应的历史对话记录名称，如图8-20所示。

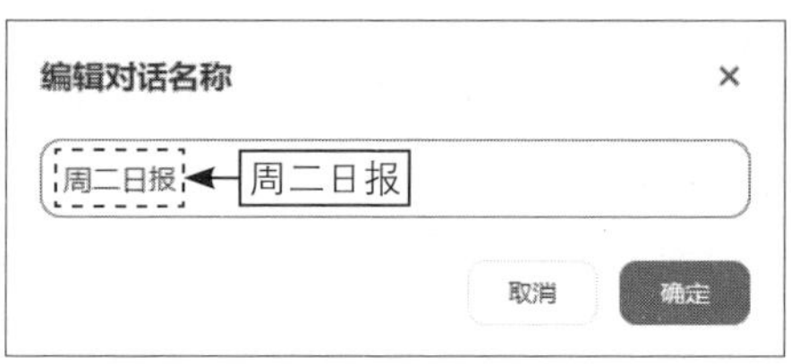

图 8-19　输入相应的新名称

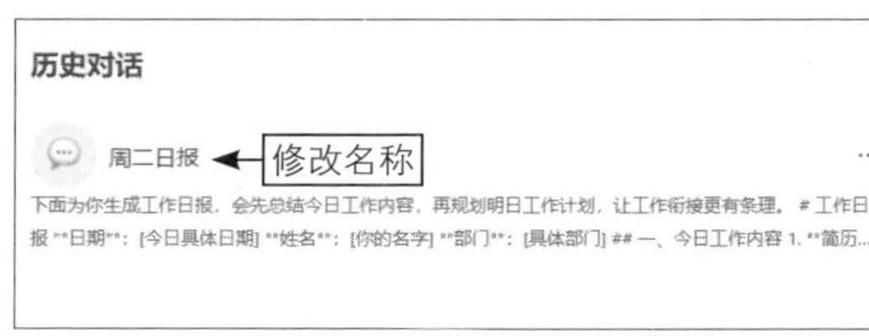

图 8-20　修改相应的历史对话记录名称

8.1.5　使用语音输入

豆包的语音输入功能为用户提供了极大的便捷性，用户只需单击提示词输入框右侧的“语音输入”按钮，然后开始说话，松开按钮后，豆包就能迅速识别。这种操作方式简单直接，且能够精准识别不同场景下的语音输入，包括噪声环境中的语音、方言和口音等，还支持多语种语音识别。下面介绍在豆包中使用语音输入提示词的操作方法。

扫码看教学视频

步骤 01 在豆包提示词输入框下方，单击“语音输入”按钮，如图8-21所示。

步骤 02 执行操作后，即可开启语音输入，将提示词内容告诉豆包后，单击“停止语音输入”按钮，如图8-22所示，即可在提示词输入框中显示提示词内容。

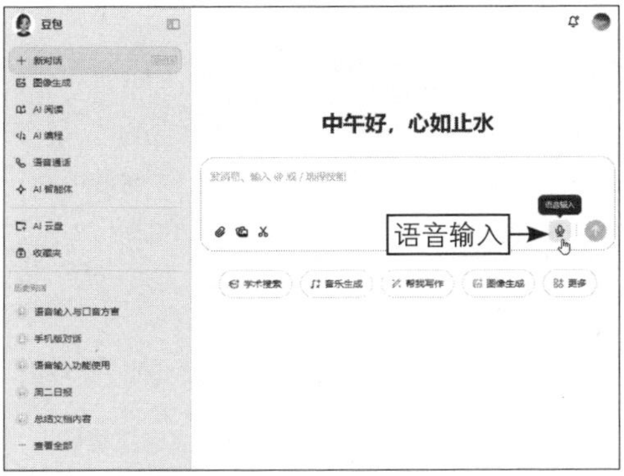

图 8-21　单击“语音输入”按钮

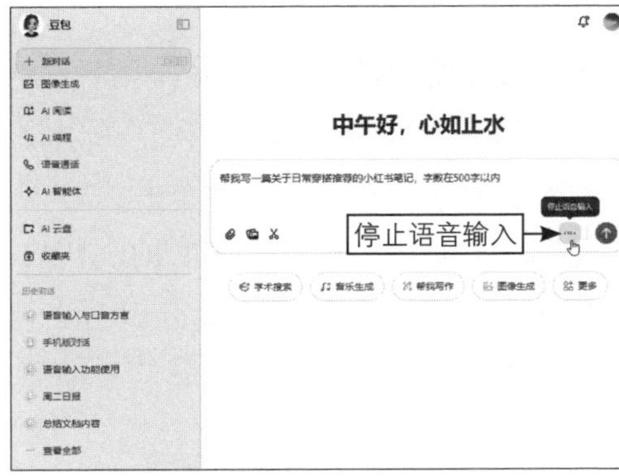

图 8-22　单击“停止语音输入”按钮

步骤 03 单击⬆按钮或按【Enter】键确认，即可将提示词发送给豆包，豆包会根据要求生成所需的内容，相关提示词和回复内容如下。

提示词

帮我写一篇关于日常穿搭推荐的小红书笔记，字数在500字以内。

豆包

日常穿搭推荐，轻松拿捏时尚感

宝子们，今天来分享几套超实用的日常穿搭，让你每天都美美哒！

1. 慵懒休闲风：宽松的白T搭配蓝色破洞牛仔裤，简约又随性。外搭一件浅色系的针织开衫，温柔又舒适。配上一双白色运动鞋，元气满满，日常出街、逛街都超合适，舒适又自在。

2. 气质通勤风：一件修身的黑色西装外套，内搭简约的白色衬衫，下装搭配直筒西裤，干练又利落。再配上一双黑色小皮鞋和精致的项链，瞬间提升气场，职场丽人必备，轻松应对各种工作场合。

3. 甜美少女风：粉色的碎花连衣裙，满满的少女心。泡泡袖和方领设计，凸显甜美的气质。搭配一双白色的玛丽珍鞋和同色系的发箍，走在路上你就是甜妹本妹，约会、聚会都超吸睛。

4. 酷帅街头风：黑色连帽卫衣搭配黑色工装裤，酷感十足。再加上一双马丁靴和一顶棒球帽，潮流感拉满。喜欢个性穿搭的宝子不要错过，轻松展现独特的街头魅力。

这几套穿搭都很日常又时尚，大家可以根据不同的场合和心情来选择，赶紧试试吧！

8.1.6　使用AI智能体

扫码看教学视频

豆包推出了一项名为“AI智能体”的新功能，这是一个私人助理服务，目前处于初期阶段，仅提供有限数量的智能体，但预计未来会有更多的智能体加入。

“AI智能体”提供了多样化的私人助理选择，包括工作、学习、创作、绘画、生活等类别。“AI智能体”可以化身为对应的角色，充当这些领域的专家，与用户对话，并利用智能算法和大数据分析，为用户答疑解惑，极大地节省了用户的时间和精力，提高了用户的工作效率。下面介绍使用“AI智能体”功能的操作方法。

步骤01 在豆包页面左侧的导航栏中，单击“AI智能体”按钮，如图8-23所示。

步骤02 执行操作后，即可进入“发现AI智能体”页面，如图8-24所示。

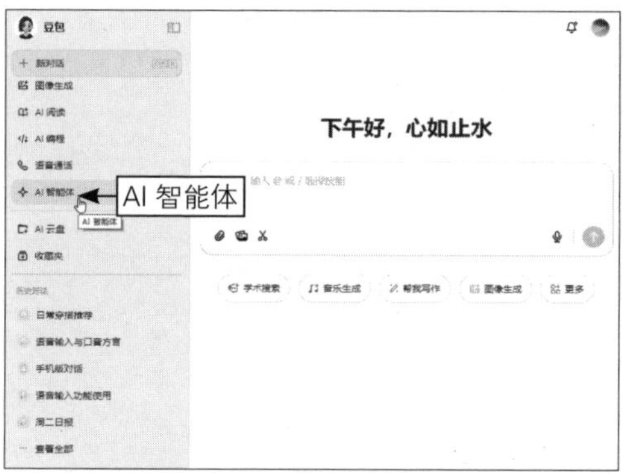

图 8-23　单击“AI 智能体”按钮

图 8-24　进入“发现 AI 智能体”页面

步骤03 在“工作”选项卡的下方，选择相应的AI智能体，如“工作转正总结”，如图8-25所示。

步骤04 执行操作后，即可进入“工作转正总结”页面，在提示词输入框中，输入相应的提示词，如图8-26所示。

图 8-25　选择相应的 AI 智能体

图 8-26　输入相应的提示词

步骤05 单击按钮或按【Enter】键确认，即可将提示词发送给豆包，豆包会根据要求生成所需的内容，相关提示词和回复内容如下。

提示词

我是一名编辑岗位的实习生，目前已转正，需要撰写一篇工作转正总结，请根据我试用期间的工作内容、面对的挑战、学到的技能及对未来的规划，帮我写一篇专业、详尽的转正总结报告。

工作内容：职业培训、文章选题与策划、内容创作与编辑、素材收集与整理、校对审核、团队协作与沟通。

面对的挑战：对特定领域的专业知识了解不足，导致在编辑相关内容时不够精准；不够仔细认真，在文章中发现多处错误。

学到的技能：熟练掌握了新的排版软件，学会了如何运用搜索引擎优化（Search Engine Optimization，SEO）技巧优化文章标题和关键词，以提高文章的搜索排名。

对未来的规划：我希望能够独立负责更多重要的专题编辑工作，进一步提升自己的写作和策划能力，成为团队中的优秀编辑。

豆包

以下是为您生成的一份工作转正综合总结报告，您可以根据实际情况进行调整和修改。

《工作转正综合总结报告》

自加入公司担任编辑以来，这段试用期对我而言是一段充满挑战与成长的经历。在这期间，我经历了职业培训，逐步参与到文章选题与策划、内容创作与编辑、素材收集与整理、校对审核，以及团队协作与沟通等各项工作中。

一、遇到的挑战及应对措施

在试用期内，我面临了一些挑战。首先，对特定领域的专业知识了解不足，这导致在编辑相关内容时不够精准。为了克服这一问题，我主动查阅大量专业资料，积极向团队中经验丰富的同事请教，同时利用业余时间深入学习相关领域的知识，逐步提升自己对专业内容的理解和把握能力……

☆ 专家提醒 ☆

用户也可以自己创建AI智能体，在“发现AI智能体”页面中，单击页面右上角的“创建AI智能体”按钮，如图8-27所示。执行操作后，即可进入“创建AI智能体”页面，如图8-28所示。

用户可以根据自己的需求，输入AI智能体的名称、设定描述，还可以进行权限设置，包括“公开·所有人可对话”“不被发现·通过链接分享可对话”“私密·仅自己可对话”3种形式。单击下方的“创建AI智能体”按钮，即可完成AI智能体的创建。

图 8-27　单击“创建 AI 智能体”按钮

图 8-28　进入“创建 AI 智能体”页面

8.2　豆包网页版的常用功能

豆包网页版不仅拥有强大的基础功能，其常用功能更是为用户带来了极大的便利与惊喜。本节将深入探讨豆包网页版的常用功能，为用户提供智能化的解决方案。

8.2.1　学术搜索

豆包的“学术搜索”功能能够帮助用户快速获取学术信息，它能精准检索文献、整合归纳内容、梳理知识脉络、辅助深度研究、提供权威信息，极大地提升了办公效率和专业性。下面介绍使用“学术搜索”功能的操作方法。

扫码看教学视频

步骤 01 在豆包页面提示词输入框的下方，单击“学术搜索”按钮，如图8-29所示。

步骤 02 执行操作后，即可进入相应的页面，输入相应的提示词，如图 8-30 所示。

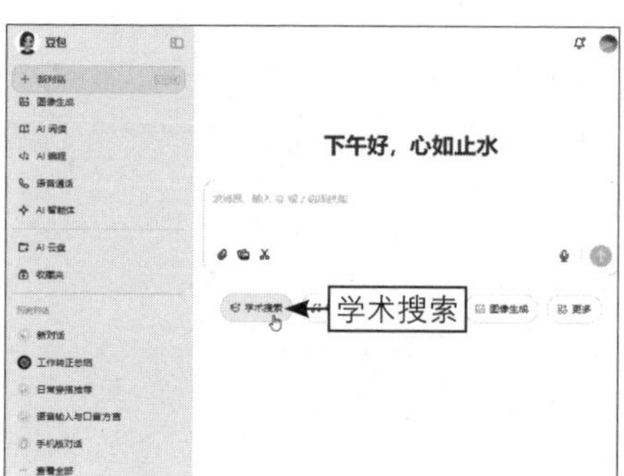

图 8-29　单击“学术搜索”按钮

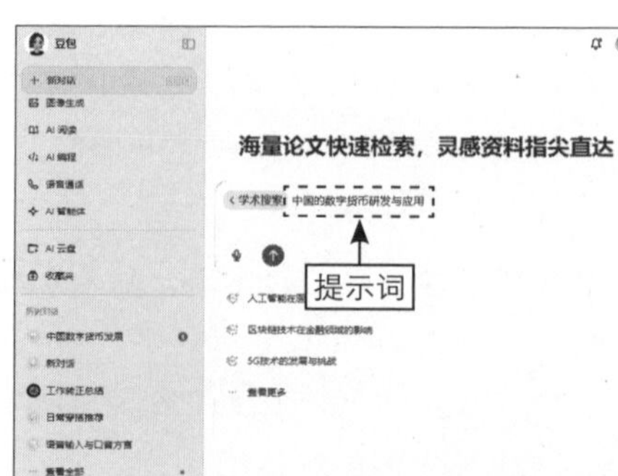

图 8-30　输入相应的提示词

步骤03 单击⬆按钮或按【Enter】键确认，即可将提示词发送给豆包，豆包会根据要求生成所需的内容，相关提示词和回复内容如下。

提示词

中国数字货币的研发与应用。

豆包

中国数字货币的研发与应用是当前金融领域的一个重要课题，它不仅涉及金融科技的创新，还对国家的经济发展和金融稳定有着重要的影响。下面将对中国数字货币的研发与应用进行详细阐述。

一、研发历程

1. 早期探索阶段（2014年—2018年）：中国早在2014年就开始了对数字货币的研究。这一阶段主要是进行理论探讨和技术准备，为后续的研发工作奠定基础。

2. 加速推进阶段（2019年—2020年）：2019年，中国数字货币的研发进程加快。2020年中国人民银行工作会议明确将加强金融科技研发和应用列入工作重点，并提出继续稳步推进法定数字货币研发。同时，有报道称中国工商银行、中国农业银行、中国银行、中国建设银行将参与中国人民银行法定数字货币试点，有望首先在深圳、苏州等地落地。

3. 扩大实验阶段（2021年—2025年）：目前，中国的数字货币处于扩大实验阶段。居民在11个地区可以开通与九大银行关联的电子钱包。中国的数字货币研发始终坚持积极而谨慎的态度，不断完善技术和制度，为未来的广泛应用做好准备。

……

8.2.2　音乐生成

豆包的“音乐生成”功能允许用户通过输入主题或自创歌词，设定音乐风格、情绪及音色，快速生成一首原创歌曲。即使是毫无乐理知识基础的用户，也能借用豆包在极短的时间里创作出一首独一无二的歌曲，这些歌曲可以用于商品营销、品牌推广、节日庆典等不同的办公场景。下面介绍使用豆包的“音乐生成”功能创作一首歌曲的操作方法。

扫码看教学视频

步骤01 在豆包页面提示词输入框的下方，单击“音乐生成”按钮，如图8-31所示。

步骤02 进入相应的页面，弹出“音乐生成”设置区，❶输入主题为“春风”；❷默认“音乐风格”为“流行”，如图8-32所示。

步骤03 ❶单击“快乐”右侧的下三角按钮▾；在弹出的列表框中，❷选择

“浪漫”选项；❸默认“音色”为“女声”，如图8-33所示，设置歌曲的情绪和音色。

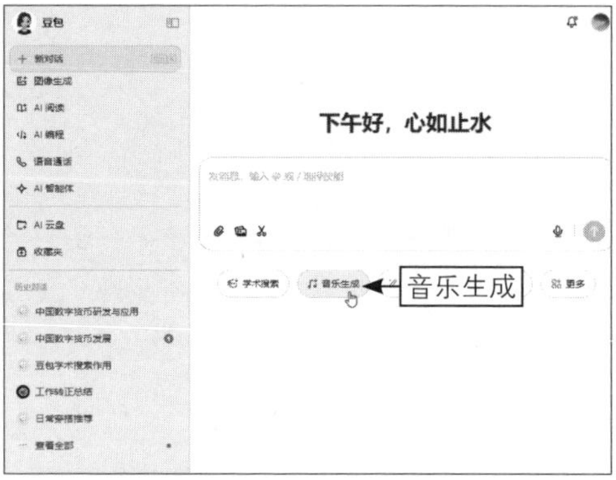

图 8-31　单击“音乐生成”按钮

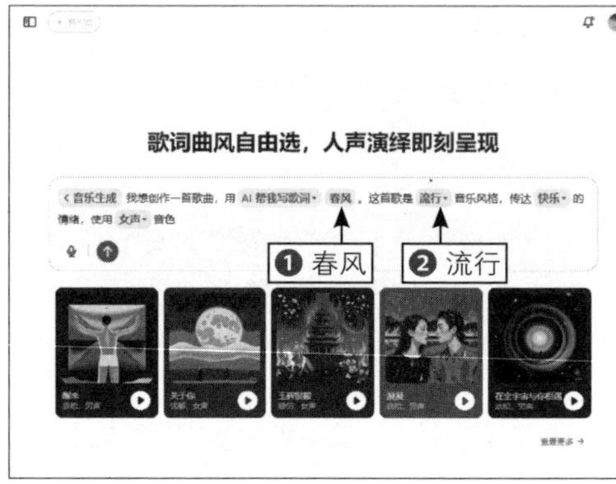

图 8-32　默认“音乐风格”为“流行”

步骤 04 单击输入区左下角的⬆按钮，稍等片刻，即可获得豆包根据输入的主题和设置的参数创作的歌曲，如图8-34所示。

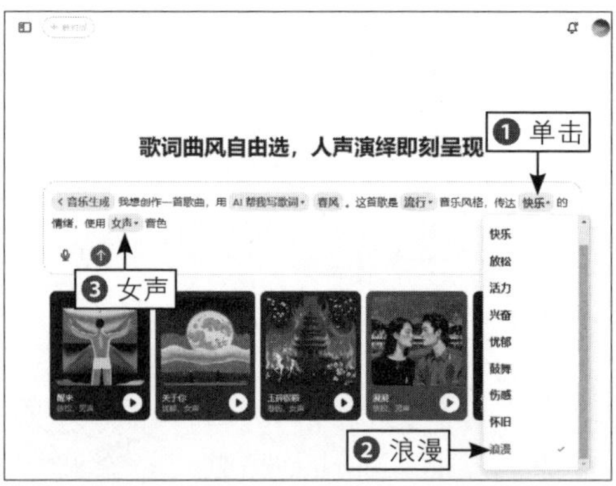

图 8-33　默认“音色”为“女声”

图 8-34　获得豆包创作的歌曲

8.2.3　帮我写作

豆包的“帮我写作”功能结合了人工智能技术和自然语言技术，能够根据用户输入的关键词或主题，提供相关的写作建议、结构框架和示例内容，这种智能化辅助有助于激发用户的创作灵感，减轻写作过程中的思维负担，并显著提升用户的写作效率。豆包还支持多种类型的文本创作，如文章、报告、邮件等，满足不同用户的需求。下面介绍使用“帮我写作”功能的操作方法。

扫码看教学视频

步骤01 在豆包页面提示词输入框的下方，单击“帮我写作”按钮，如图8-35所示。

步骤02 执行操作后，即可进入相应的页面，输入相应的提示词，如图8-36所示。

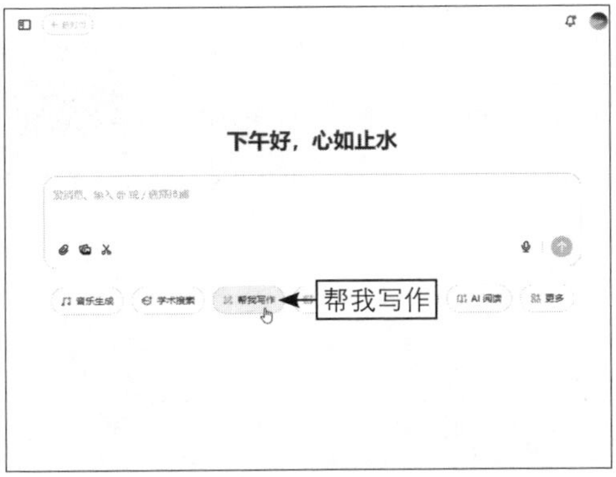

图 8-35　单击“帮我写作”按钮

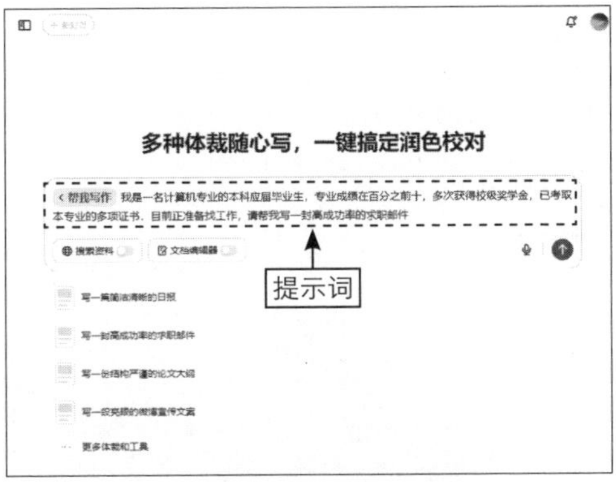

图 8-36　输入相应的提示词

步骤03 单击按钮或按【Enter】键确认，即可将提示词发送给豆包，豆包会根据要求生成所需的内容，相关提示词和回复内容如下。

提示词

我是一名计算机专业的本科应届毕业生，专业成绩在班级前10%，多次获得校级奖学金，已考取本专业的多项证书，目前正准备找工作，请帮我写一封高成功率的求职邮件。

豆包

计算机专业本科应届毕业生求职邮件

尊敬的招聘负责人：

您好！我叫[您的姓名]，是一名即将毕业于[学校名称]计算机专业的本科生。怀着对贵公司的敬仰，以及对计算机领域的热爱，我真诚地向您投递这封求职邮件，希望能有机会加入贵公司。

在大学期间，我的专业成绩始终保持在班级前10%，多次获得校级奖学金，这不仅是对我学习能力的肯定，也让我扎实掌握了计算机专业的核心知识，如数据结构、算法分析、编程语言等。同时，我还考取了[列举你获得的专业证书]等多项专业证书，进一步提升了自己在专业领域的竞争力。

我深知实践经验对于计算机专业的重要性，因此积极参与了多个实践项目。在[项目名称1]中，我负责[阐述你的职责]，通过[具体技术或方法]成功解决了[项目中遇到的问题]，提高了项目的[成果，如效率、性能等]。在[项目名称2]中，我与团队成员紧密合作，运用[技术或工具]完成了[项目目标]，这段经历让我深刻体会到团队协作的力量，也锻炼了我的沟通能力和问题解决能力。
……

8.2.4 图像生成

在使用豆包的“图像生成”功能时，用户只需简短地描述想要生成的图像内容，并设置图像的比例和风格，即可轻松生成4张精美且符合需求的图像，如图8-37所示，极大地提高了用户的创作效率和质量。

扫码看教学视频

图 8-37　效果展示

下面介绍使用豆包的“图像生成”功能的操作方法。

步骤 01 在豆包页面提示词输入框的下方，单击“图像生成”按钮，如图8-38所示。

步骤 02 执行操作后，即可进入相应的页面，输入相应的提示词，如图8-39所示。

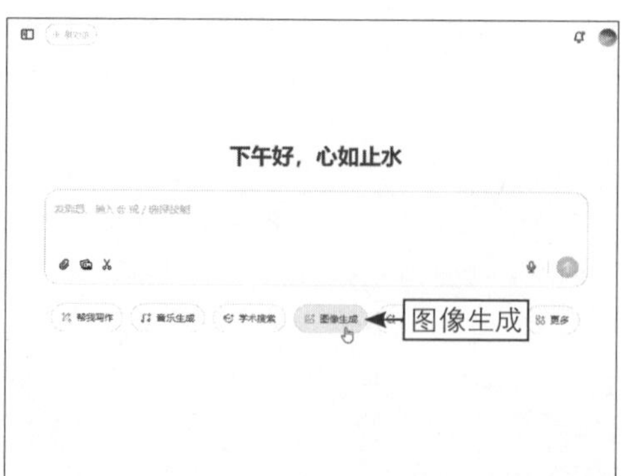

图 8-38　单击“图像生成”按钮

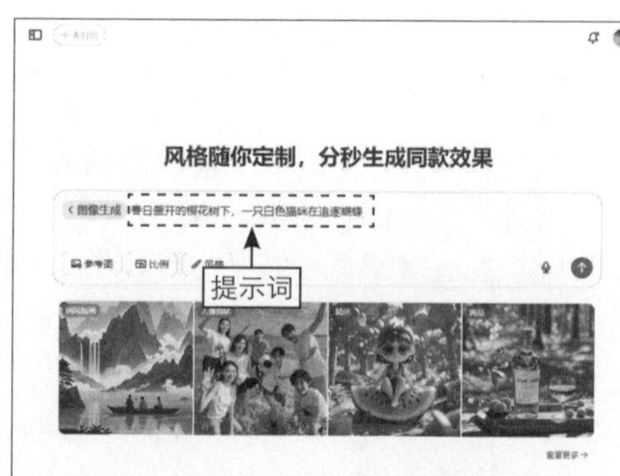

图 8-39　输入相应的提示词

步骤03 ❶单击“比例”按钮；❷在弹出的列表框中，选择“4：3文章配图，插画”选项，如图8-40所示，设置图像的比例。

步骤04 ❶单击“风格”按钮；❷在弹出的列表框中，选择“动漫”选项，如图8-41所示，设置图像的风格。

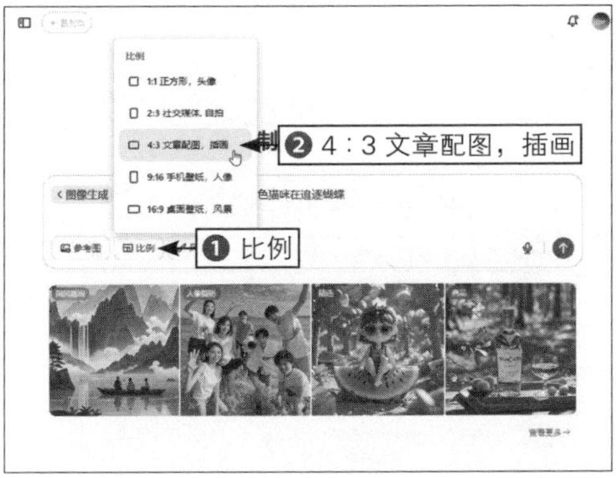

图 8-40　选择“4：3 文章配图，插画”选项

图 8-41　选择“动漫”选项

步骤05 单击⬆按钮或按【Enter】键确认，即可将提示词和设置的图像参数发送给豆包，豆包会根据要求生成4张图像，如图8-42所示。

图 8-42　生成 4 张图像

8.2.5　AI搜索

扫码看教学视频

用户经常需要从大量信息中筛选出关键内容。豆包的“AI搜索”功能可以帮助用户快速获得搜索结果的总结，并迅速定位所需信息，

避免手动翻阅大量资料。下面介绍使用“AI搜索”功能的操作方法。

步骤01 在豆包页面提示词输入框的下方，单击“AI搜索”按钮，如图8-43所示。

步骤02 执行操作后，即可进入相应的页面，输入相应的提示词，如图8-44所示。

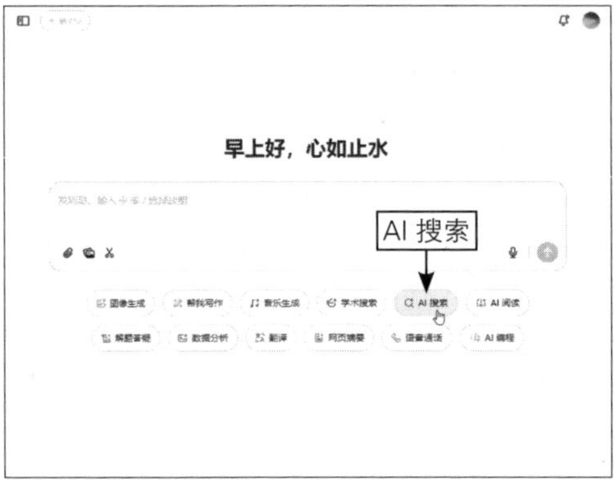

图 8-43　单击“AI 搜索”按钮

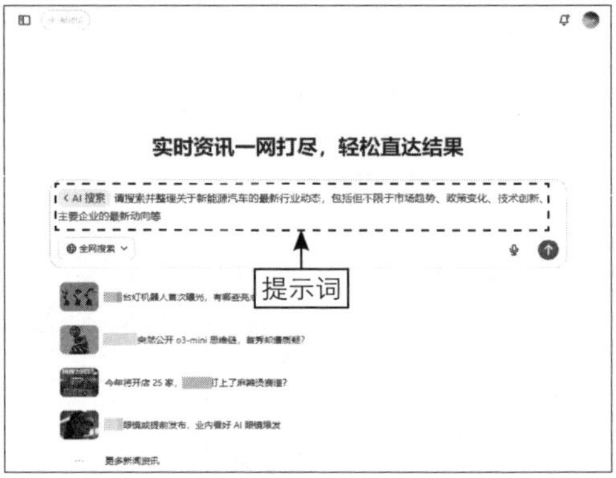

图 8-44　输入相应的提示词

步骤03 单击⬆按钮或按【Enter】键确认，即可将提示词发送给豆包，豆包会根据要求生成所需的内容，相关提示词和回复内容如下。

提示词

请搜索并整理关于新能源汽车的最新行业动态，包括但不限于市场趋势、政策变化、技术创新、主要企业的最新动向等。

豆包

以下是新能源汽车的最新行业动态。

一、市场趋势

1. 销量预测：2025年中国汽车销量预计为3200万～3290万辆，新能源汽车销量预计提升至1500万～1600万辆，渗透率将达51%左右，首次超过燃油车销量，其中混合动力汽车将成为增量核心引擎。

2. 出口形势：2024年我国汽车出口增速大幅下降，2025年预计出口规模达620万辆，出口增速降至6%左右，二手车出海成为新亮点，有望提升至50万～60万辆。

3. 价格竞争：2025年可能是价格战最为激烈的一年，车企为抢占市场份额，或有1万～3万元的降价空间，除直接降价外，还会通过0息贷款、补贴等方式竞争。

……

8.2.6 AI阅读

扫码看教学视频

豆包的“AI阅读”功能可以对各类文本进行智能总结，能够精准地识别并提炼其中的关键信息，然后生成简洁明了的总结内容，不管是学术论文、新闻报道、小说散文，还是各种办公文档，都能快速处理，让用户迅速把握文章的主旨大意。同时，该功能还具备翻译原文的能力，方便用户阅读外文资料。

另外，在阅读过程中如果遇到难以理解的知识点或问题，“AI阅读”功能可以迅速提供相关解答，帮助用户深入理解文章内容。它还可以对文档内容进行梳理，以脑图的形式呈现出来，使用户更直观地把握文档的结构和逻辑关系，并且能够抽取文档中的图表，方便用户快速浏览和查看重要数据及信息。下面介绍使用“AI阅读”功能的操作方法。

步骤01 在豆包页面提示词输入框的下方，单击“AI阅读”按钮，如图8-45所示。

步骤02 执行操作后，即可进入相应的页面，单击“浏览文件”按钮，如图8-46所示。

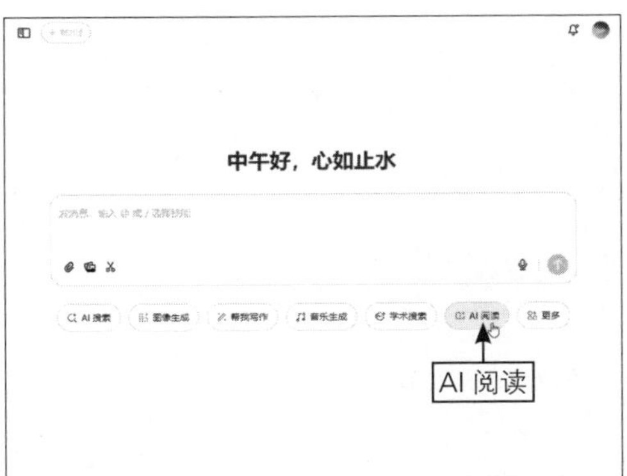

图 8-45　单击“AI 阅读”按钮

图 8-46　单击“浏览文件”按钮

步骤03 执行操作后，弹出“打开”对话框，选择需要上传的文档，如图8-47所示。

步骤04 单击“打开”按钮，❶即可上传文档，并显示在提示词输入框的上方；❷在输入框中输入相应的提示词，如图8-48所示。

步骤05 单击⬆按钮或按【Enter】键确认，即可将提示词发送给豆包，豆包会根据要求将文档内容以脑图的形式表现出来，如图8-49所示。

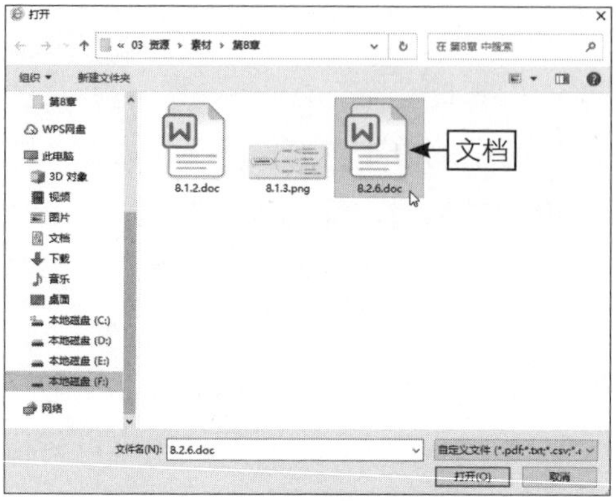

图 8-47　选择需要上传的文档

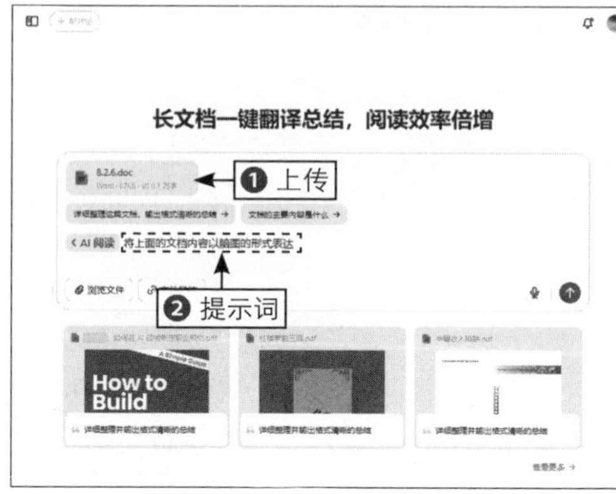

图 8-48　输入相应的提示词

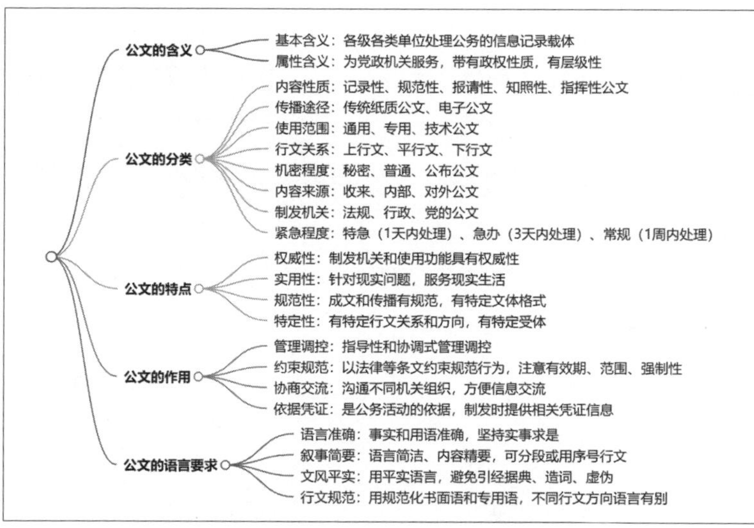

图 8-49　将文档内容以脑图的形式表现出来

8.2.7　解题答疑

扫码看教学视频

豆包的“解题答疑”功能应用广泛，涵盖学习、工作、生活各个层面。在学习领域，不管是数学里的函数计算，还是物理中抽象的力学原理，抑或是历史事件的时间脉络、语文诗词的深刻解读，都能给出详细准确的解答，助力用户攻克知识难点。

在学习语言的过程中，豆包还能担当语言学习的得力助手，解释语法规则、辨析词汇用法，甚至提供翻译和口语练习的帮助，全方位提升语言能力，还能依据不同的学习需求推荐适配的学习资料，拓展学习路径。

在工作中，当遇到专业难题时，比如程序员为代码编写的逻辑错误发愁、设计师在创意构思上卡壳，以及财务人员面对复杂的财务报表分析毫无头绪，都能从豆包这里获取针对性的解决方案。同时，它还能提供行业的最新动态、深度的趋势分析及专业知识，帮助用户紧跟行业前沿，为工作决策提供有力依据。

在办公软件使用方面，无论是Word烦琐的文档排版、Excel复杂的数据处理与分析，还是PPT的创意制作技巧，都能得到详细的操作教程和实用技巧，大大提高工作效率。下面介绍使用“解题答疑”功能的操作方法。

步骤 01 在豆包页面提示词输入框的下方，单击“解题答疑”按钮，如图8-50所示。

步骤 02 执行操作后，进入相应的页面，单击“上传题目图片”按钮，如图8-51所示。

图 8-50　单击“解题答疑”按钮

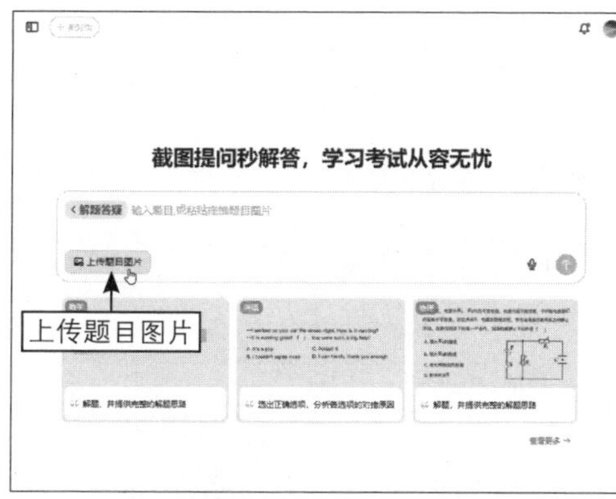

图 8-51　单击“上传题目图片”按钮

步骤 03 执行操作后，弹出“打开”对话框，选择需要上传的图片，如图8-52所示。

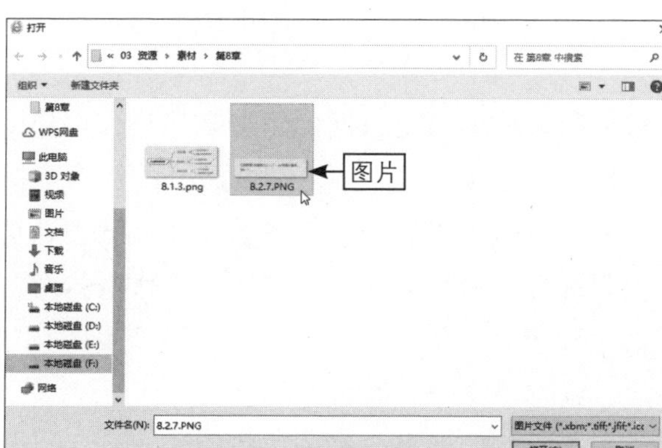

图 8-52　选择需要上传的图片

步骤 04 单击“打开”按钮，豆包即可自动识别图片中的题目，并提供答案和解析步骤，相关回复内容如下。

豆包

识别题目

已知实数a为函数$f(x)=x^{3}-3x$^{2}的极小值点，则$a=$___。

答案

-4

解析

分析

首先通过求导得出函数的导数表达式，然后根据导数与0的大小关系确定函数的单调性，进而找到函数的极小值点，最终得出a的值。

……

8.2.8 数据分析

扫码看教学视频

对用户来说，“数据分析”功能具有多方面的重要作用。在数据处理与整理方面，办公数据常存在不完整、有重复或格式错误等问题，豆包能进行数据清洗，去除重复数据、填充缺失值、纠正错误格式，确保数据准确、完整。同时，用户往往需要整合多个来源的数据，如不同部门的报表、不同时段的销售数据等，豆包可将这些数据整合，便于用户全面了解业务。

在数据分析与洞察上，豆包能进行描述性分析，快速计算平均值、中位数、标准差等基本统计量，帮助用户了解数据的整体特征，如员工平均绩效、产品平均售价等，让人直观地把握业务水平；还能进行相关性分析，找出变量间的关联，如分析广告投入与产品销量的关系，帮助市场部门判断广告策略的有效性，合理地分配资源。

另外，通过趋势分析，依据历史数据预测未来趋势，用户可据此分析公司的收入、成本，预测未来的财务状况，为预算和资源分配提供依据。

在数据可视化方面，豆包可以制作多种图表，如柱状图、折线图、饼图、散点图等，将数据以直观的形式展示，让用户在制作工作报告时，能更清晰、更有说服力地展示数据对比和趋势变化。除此之外，它还能生成交互可视化图表，用户可通过单击、缩放、筛选等操作查看数据细节。

在决策支持上，用户在制定业务方案或决策时，可利用豆包的数据分析功能对不同的方案数据进行模拟分析，评估可行性和潜在效果，从而选出最优方案，同时，还能通过设定数据阈值和预警规则，实现风险预警。例如，人力资源部门设定员工流失率阈值，当实际流失率接近或超过阈值时，及时采取措施进行干预，降低人才流失的风险。下面介绍使用“数据分析”功能的操作方法。

步骤01 在豆包页面提示词输入框的下方，单击“数据分析”按钮，如图8-53所示。

步骤02 执行操作后，即可进入相应的页面，单击“浏览文件”按钮，如图8-54所示。

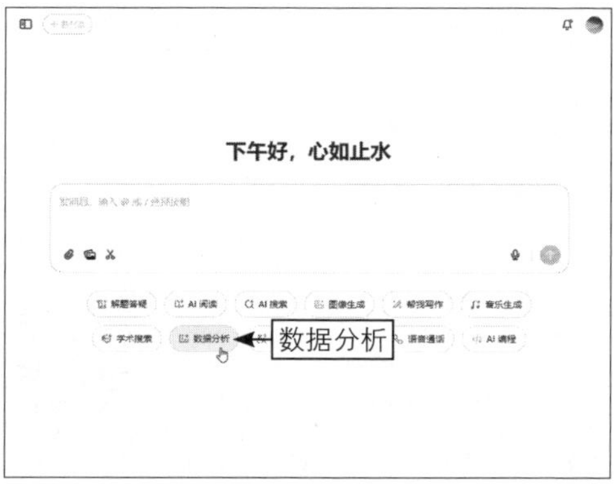

图 8-53　单击“数据分析”按钮

图 8-54　单击“浏览文件”按钮

步骤03 执行操作后，弹出“打开”对话框，选择需要上传的文档，如图8-55所示。

步骤04 单击“打开”按钮，❶即可上传文档，并显示在提示词输入框的上方；❷在输入框中输入相应的提示词，如图8-56所示。

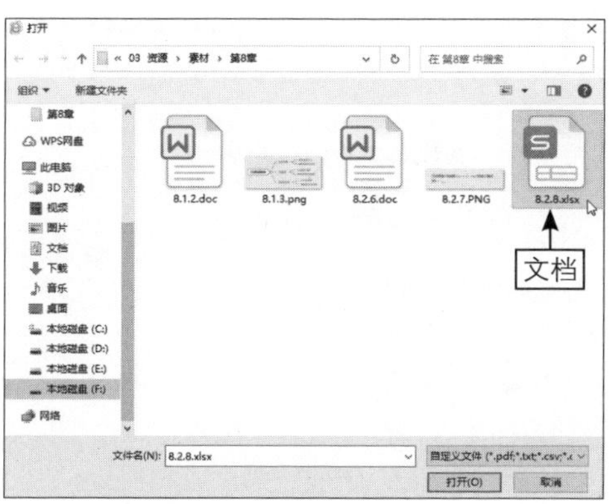

图 8-55　选择需要上传的文档

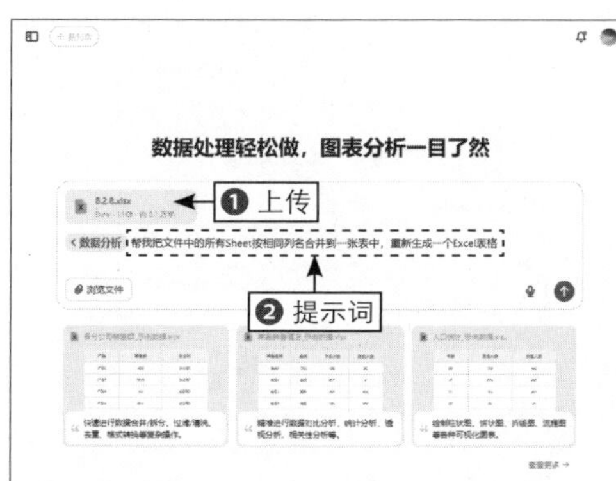

图 8-56　输入相应的提示词

步骤05 单击⬆按钮或按【Enter】键确认，即可将提示词发送给豆包，豆包会根据要求重新生成一个Excel表格，如图8-57所示。

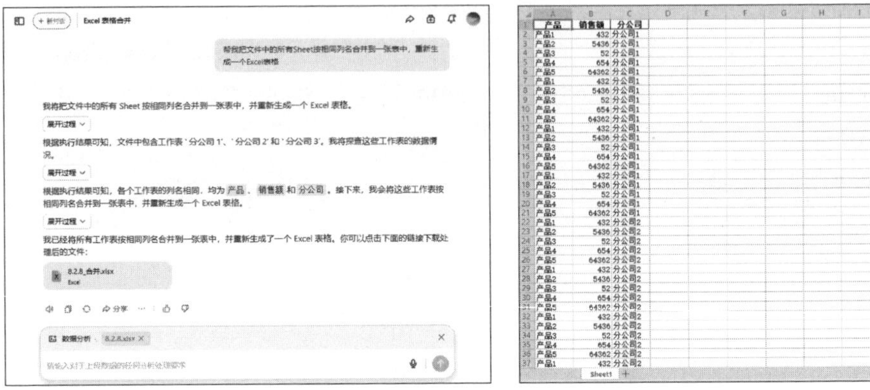

图 8-57　重新生成一个 Excel 表格

8.2.9　AI翻译

豆包的“翻译”功能强大，能实现多种语言互译，支持文本、语音、图片及PDF等格式。用户可用它精准地翻译商务文件，如合同、报告等，还能快速撰写或解读邮件，提升沟通效率。下面介绍使用豆包的“翻译”功能的操作方法。

扫码看教学视频

步骤 01 在豆包页面提示词输入框的下方，单击“翻译”按钮，如图8-58所示。

步骤 02 执行操作后，即可进入相应的页面，❶单击“中文（简体）”右侧的下三角按钮⌄；❷在弹出的列表框中，选择English选项，如图8-59所示。

图 8-58　单击“翻译”按钮

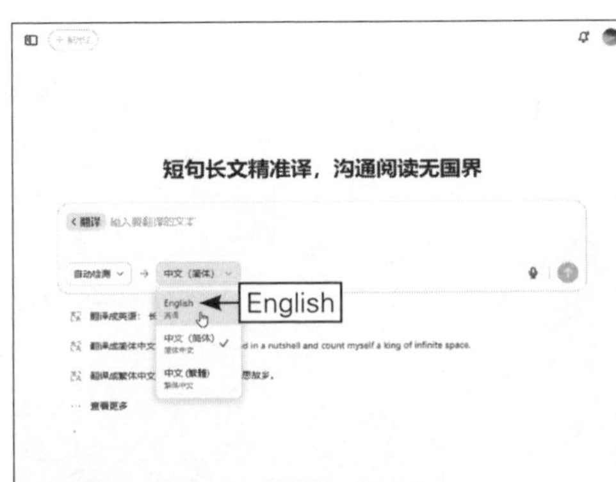

图 8-59　选择 English 选项

步骤 03 在输入框中输入相应的提示词，单击➊按钮或按【Enter】键确认，即可将提示词发送给豆包，豆包会将内容翻译成英语，相关提示词和回复内容如下。

提示词

翻译成英语：《朝花夕拾》是一部充满深情与批判的散文集，它不仅是鲁迅先生个人心路历程的真实写照，也是那个时代社会现实的生动反映。

豆包

“Call to Mind the Past” is a collection of essays full of deep affection and criticism. It is not only a true portrayal of Mr. Lu Xun’s personal mental journey, but also a vivid reflection of the social reality of that era.

8.2.10　网页摘要

豆包的“网页摘要”功能能够快速、准确地提取网页中的关键信息和主要内容，对长篇的网页文本进行浓缩和提炼，以简洁明了的形式呈现给用户，帮助用户快速了解网页的核心要点。下面介绍使用豆包的“网页摘要”功能的操作方法。

扫码看教学视频

步骤01 在豆包页面提示词输入框的下方，单击“网页摘要”按钮，如图8-60所示。

步骤02 执行操作后，进入相应的页面，在输入框中输入相应的网址，如图8-61所示。

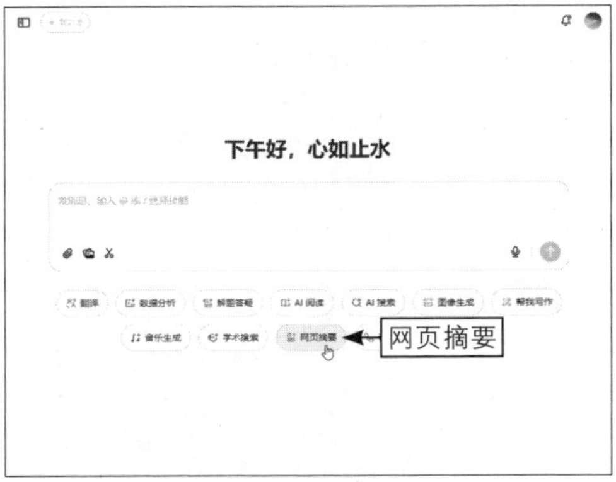

图 8-60　单击“网页摘要”按钮

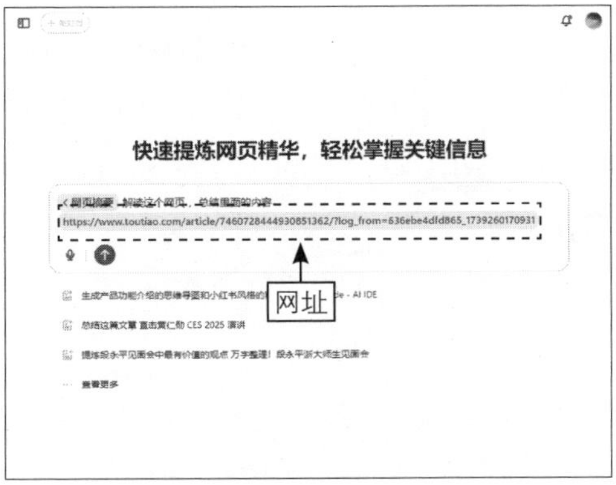

图 8-61　输入相应的网址

步骤03 单击⬆按钮或按【Enter】键确认，即可将网址发送给豆包，豆包会将自动总结网页中的内容，相关回复内容如下。

豆包

这篇文章是龙飞老师分享的2024摄影年度总结，通过“灵魂3问”回顾摄影历程并展望未来，还提供了福利与交流渠道。

1. 灵魂之问引入

摄影是记录时光与情感的方式，作者借年终之际，以3个问题回顾摄影成长之路，希望为读者2025年的摄影带来启发。

2. 作者年度回顾

（1）生活感悟：上半年陪伴孩子高考，经历担忧与喜悦，体会平凡生活的真谛，并用镜头记录下珍贵的瞬间。

（2）摄影进步：受时间、精力的限制，仍取得进步。其一，手机长焦拍法，在熟悉场景利用手机长焦捕捉细节与亮点，分享了拍摄思路和技巧，还列举了11种适合长焦拍摄的类型；其二，细分拍摄类型，用相机拍摄多种题材，也有无人机作品产出；其三，AI摄影和短视频制作更熟练，适合足不出户的老年朋友，相关技巧写在了书中。

年度作品汇总：作者以“坚持热爱，拥抱未来”为主题，总结10个小专题，融入AI音乐和诗词创作。

……

8.2.11 AI编程

扫码看教学视频

豆包的“AI编程”功能十分强大且实用，它能实现一键上传本地代码文件与引入GitHub仓库，方便获取项目上下文；还可根据自然语言生成代码片段，进行智能代码补全，提高编码速度；能对代码进行详细解释，帮助用户理解逻辑，也可修复代码错误并提供优化建议。

在学习编程方面，它也能辅助用户自学，提供思路和示例，还可作为助教工具辅助备考刷题。下面介绍使用豆包的“AI编程”功能的操作方法。

步骤 01 在豆包页面提示词输入框的下方，单击“AI编程”按钮，如图8-62所示。

图 8-62　单击“AI 编程”按钮

步骤 02 执行操作后，进入相应的页面，在输入框中输入相应的提示词，如图8-63所示。

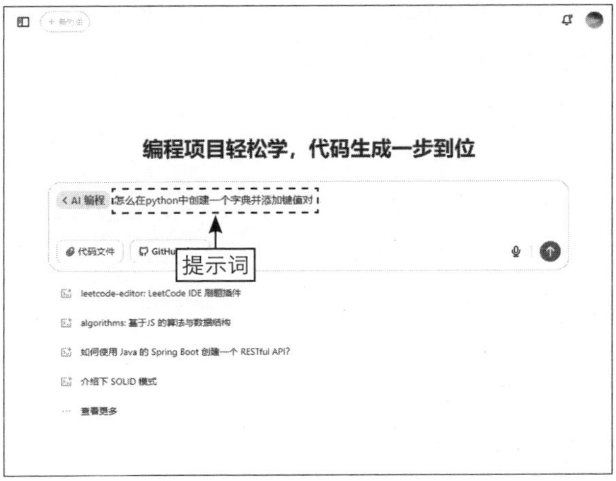

图 8-63　输入相应的提示词

步骤 03 单击⬆按钮或按【Enter】键确认，即可将提示词发送给豆包，豆包会生成这个问题的答案，相关提示词和回复内容如下。

提示词

怎么在Python中创建一个字典并添加键值对。

豆包

在Python中，创建字典并添加键值对可以通过多种方式实现，下面详细介绍。

1. 创建空字典并添加键值对

可以先创建一个空字典，然后使用方括号语法为其添加键值对。示例代码如下：

```
python
创建一个空字典
my_dict={}
添加键值对
my_dict['name']='Alice'
my_dict['age']=25
my_dict['city']='New York'
print(my_dict)
```

在上述代码中，首先使用{}创建了一个空字典my_dict，然后通过my_dict[key]=value的形式为字典添加了3个键值对。最后使用print函数输出字典。

……

8.3　本章小结

本章详细介绍了豆包网页版的核心功能，分为基础功能和常用功能两大板块。在基础功能方面，豆包网页版支持开启新对话、上传并总结文档、添加并解析图片、管理历史对话、使用语音输入，以及使用AI智能体，为用户提供便捷、高效的交互体验。

在常用功能方面，豆包网页版则展现了其多样化的应用场景，包括学术搜索、音乐生成、写作辅助、图像生成、AI搜索与阅读、解题答疑、数据分析、AI翻译、网页摘要及AI编程等，这些功能不仅丰富了用户的数字生活，也极大地提升了用户的工作效率和创造力。

8.4　课后实训

鉴于本章知识的重要性，为了帮助读者更好地掌握所学知识，本节将通过课后实训，帮助读者进行简单的知识回顾和补充。

扫码看教学视频

实训任务：使用豆包的“音乐生成”功能，生成一首歌曲。

步骤 01 进入豆包的音乐生成页面，在“音乐生成”设置区中，❶输入“乡村”；❷单击“流行”右侧的下三角按钮▾；❸在弹出的列表框中，选择“民谣”选项，如图8-64所示。

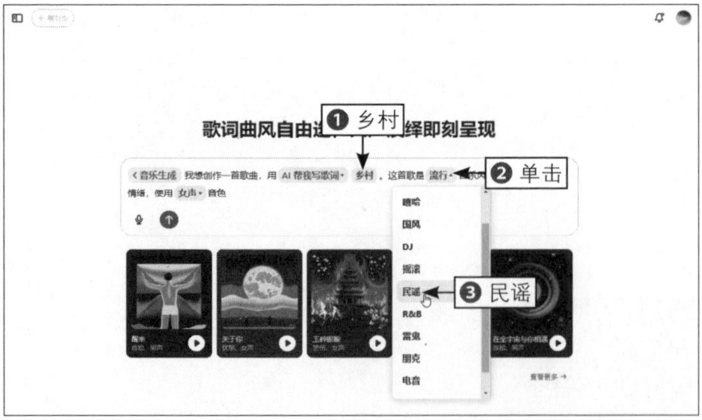

图 8-64　选择“民谣”选项

步骤 02 ❶设置“情绪”为“怀旧”；❷设置“音色”为“男声”，如图8-65所示。

图 8-65　设置“音色”为“男声”

步骤 03 单击右侧的按钮，稍等片刻，即可获得豆包根据输入的主题和设置的参数创作的歌曲，如图8-66所示。

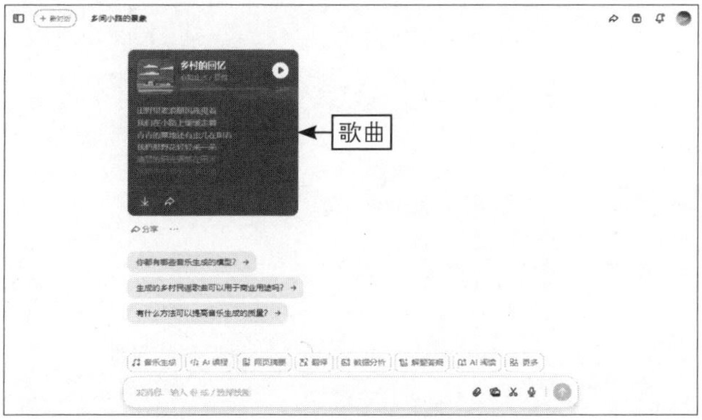

图 8-66　获得豆包创作的歌曲

第 9 章

豆包智能办公技巧与案例

在数字化时代，豆包以其高效、便捷的特性，成为各行各业提升工作效率的得力助手。从教师与学生到创作者，从行政管理人员到销售人员，再到普通人群，豆包的智能办公技巧与案例覆盖了广泛的应用场景。本章以豆包网页版为例，将介绍豆包在不同领域中的精彩应用。

9.1　教师与学生群体

随着豆包智能办公工具的广泛应用，教育领域正经历着一场深刻的变革。从教师的备课、研究到论文指导，再到学生的学习辅助和语言学习，AI技术都发挥了重要的作用，它不仅提高了教学效率，还为学生提供了更加个性化、便捷的学习体验。本节深入探讨豆包如何在这几大方面助力教师与学生群体高效办公与学习。

9.1.1　辅助备课

扫码看教学视频

教师可以将学生的学习状况和考试成绩等信息提供给豆包，豆包就能分析出该学生的学习情况，如哪些地方学得好、哪些地方还有所欠缺。教师可以根据这些信息来准备有针对性的预习材料和课后习题。豆包还能根据教师的要求生成相关的教案、课件、学习材料等，相关案例如下。

提示词

我是一名初中语文教师，需要为《背影》这篇课文备课。请为我提供一份详细的教案，包括教学目标、教学重难点、教学方法、教学过程、作业布置等环节。同时，请为我生成一些与课文相关的拓展阅读材料，以及针对课文内容的互动问题，以便在课堂讨论中使用。

豆包

《背影》教案

一、教学目标

1. 知识与能力目标

（1）了解作者朱自清及其作品，积累重点字词。

（2）有感情地朗读课文，理解文章内容，学习抓住人物特征进行细致描写的方法。

2. 过程与方法目标

（1）通过自主阅读、合作探究，体会关键语句的含义，学习作者如何通过细节描写表现父子深情。

（2）培养学生的分析能力和语言表达能力。

3. 情感态度与价值观目标

感受父子之间深沉的爱，培养学生珍惜亲情、关爱家人的情感。

二、教学重难点

1. 教学重点

（1）体会文中父亲的背影所蕴含的深沉的父爱，理解作者对父亲的思念之情。

（2）学习作者通过细节描写刻画人物形象、表达情感的写作手法。

2. 教学难点
（1）深入理解文中一些含义深刻的语句，体会作者在特定背景下的复杂情感。
（2）引导学生从生活中发现并感受平凡而伟大的亲情，学会感恩。
……

该提示词首先明确了使用者的角色——一名初中语文教师，为豆包提供了备课的具体背景。接着具体提示词“为《背影》这篇课文备课”指明了备课内容和目的。

在此基础上，提示词详细列出了教案应包括的环节，如教学目标、教学重难点等，确保生成的教案完整且符合要求。

另外，提示词还提出了生成拓展阅读材料和互动问题的需求，丰富了备课内容，提高了课堂的互动性和学生的参与度。

通过这段提示词，豆包能够清晰理解教师的需求，生成一份既符合教学标准又富有趣味性的备课材料，有效地辅助教师进行高效备课。

9.1.2 支持研究

豆包能够快速处理和分析大量数据，识别数据中的模式和趋势，帮助用户从复杂的数据集中提取有价值的信息，还可以自动搜索和整理相关领域的文献，帮助用户快速了解研究背景和最新进展，节省了大量手动搜索和筛选文献的时间。

扫码看教学视频

另外，豆包能够根据已有知识和数据，智能地设计实验方案，优化实验参数，提高效率和成功率，还能基于历史数据和模型预测研究结果，为用户提供参考和依据，有助于他们更准确地把握研究方向和进度。使用豆包进行研究支持的相关案例如下。

提示词

作为一位顶尖的科学研究助手，请分析近年来人工智能在医学诊断领域的应用进展，总结关键技术突破，评估其对医学诊断准确性和效率的影响，并提出未来可能的研究方向。输出格式应为结构化的报告，包括引言、方法、结果、讨论和结论等部分。

豆包

人工智能在医学诊断领域的应用进展报告
一、引言
随着科技的飞速发展，人工智能逐渐融入各个行业，在医疗领域的应用尤为显著。医学诊断作为医疗过程的关键环节，AI技术的介入为其带来了新的变革与发展机遇。AI辅助诊断系统通过结合机器学习、深度学习和自然语言处理等技术，能够分析海量患者数据，为医生提供精准诊断建议，助力制定更有效的治疗方案，从而改善医疗诊断的准确性和效率。

二、方法

通过广泛收集和分析近年来关于人工智能在医学诊断领域的研究文献、学术报告及实际应用案例，梳理出人工智能在医学诊断中的应用现状、关键技术突破，并评估其对医学诊断准确性和效率的影响。同时，参考权威机构发布的行业报告和专家观点，探讨未来可能的研究方向。

……

该提示词明确设定了豆包的角色为顶尖的科学研究助手，要求其分析人工智能在医学诊断领域的应用进展。通过具体指出需要总结关键技术突破、评估影响及提出未来的研究方向，确保了提示词的明确性。

同时，要求输出格式为结构化的报告，包括引言、方法、结果、讨论和结论等部分，对豆包的输出进行了规范。这样的设计有助于豆包生成高质量、规范且符合预期的研究报告，充分发挥其在科学研究中的辅助作用。

9.1.3 指导论文

豆包可以指导论文的写作，帮助用户规划论文的整体框架，包括引言、正文、结论等部分的具体内容安排，确保各部分之间逻辑连贯、层次分明。用户只需将有关论文主题和重点内容的提示词发送给豆包，即可得到豆包的回复，相关案例如下。

扫码看教学视频

提示词

请撰写一篇关于可持续城市发展中绿色建筑设计的论文，重点关注绿色建筑如何减少碳足迹、提升能源效率并促进生态多样性。在论文中，需深入分析当前绿色建筑设计实践中的成功案例，同时批判性地评估其存在的局限性及改进的空间。此外，请结合最新的环境科学研究成果，探讨未来绿色建筑设计可能采用的创新技术或理念，以及这些创新如何能够进一步推动城市的可持续发展。最后，提出具体的政策建议或行业指导原则，以促进绿色建筑设计在全球范围内的广泛实施。

豆包

一、引言

1.1 研究背景与意义

随着全球城市化进程的加速，城市人口迅速增长，城市规模不断扩张。根据联合国的统计数据，目前全球超过半数的人口生活在城市，预计到2050年，这一比例将达到68%。

城市作为经济、文化和社会活动的中心，在推动人类进步和发展的同时，也面临着前所未有的挑战，如资源短缺、环境污染、生态破坏和气候变化等。据统计，全球约70%的碳排放来自城市，城市消耗了大量的能源和资源，对环境造成了巨大的压力。在这样的背景下，可持续城市发展成为全球关注的焦点，它旨在实现经济、社会和环境的协调发展，满足当代人的需求，同时不损害子孙后代满足其自身需求的能力。

绿色建筑设计作为可持续城市发展的关键组成部分，对于实现城市的可持续发展目标具有至关重要的作用。绿色建筑设计的核心是在建筑的全生命周期内，最大限度地节约资源（节能、节地、节水、节材）、保护环境和减少污染，为人们提供健康、适用和高效的使用空间，与自然和谐共生。绿色建筑设计通过采用一系列创新的设计理念、技术和材料，能够显著降低建筑的能源消耗和碳排放，提高资源利用效率，减少对环境的负面影响，同时为居民提供更加健康、舒适的居住和工作环境……

该提示词首先明确了豆包的任务是生成一篇关于特定主题的论文，并为豆包提供了论文的核心焦点，即绿色建筑的三大主要益处，引导豆包生成所需的内容。

然后要求豆包不仅列举案例并进行深入分析，还要批判性地评估其局限，提出改进的空间，这有助于提升论文的深度和实用性。

最后，明确要求豆包需要结合最新的环境科学研究成果进行论文的撰写，这有助于引导豆包收集相关文献资料，从而提升论文的可信度和专业性。

9.1.4 辅助学习

扫码看教学视频

豆包具备强大的学习辅助能力，它能够智能地分析学生的能力和需求，为学生量身定制一条既符合个人特点又高效的学习路径，使得学习变得更有条理和针对性。另外，豆包还能创建模拟考试，帮助学生检验学习成果，并对模拟考试的结果进行深入分析，指出学生的薄弱环节，从而为学生提供更有针对性的辅导。

除此之外，豆包在时间管理和学习技巧方面也能为用户提供有力支持。它能够根据学习路径和学生的学习习惯，提供合理的时间分配建议，并帮助学生制定科学的日程表，确保他们有足够的时间用于学习、休息和娱乐。另外，豆包还致力于跨学科整合，帮助学生了解不同学科之间的联系，促进跨学科学习，并提供丰富的跨学科学习资源和活动建议，以拓宽学生的知识视野。使用豆包辅助学生学习的相关案例如下。

提示词

请为一名完全没有编程经验，但对编程充满兴趣的大一学生制订一个系统的Python学习计划。该计划应分为多个阶段，涵盖从基础入门到实战应用的内容，并包括以下要素。
1. 每个阶段的学习目标：明确该阶段需要掌握的知识点。
2. 推荐资源：列出适合该阶段学习的书籍、在线课程或网站。
3. 实践项目：提供具体的项目建议，帮助学生通过动手实践巩固所学知识。
4.学习建议：给出一些通用的学习技巧或注意事项。
此外，请确保计划具有渐进性，从最基础的概念开始，逐步引入更复杂的主题，如面向对象编程、机器学习等。同时，强调实践的重要性，并鼓励学生参与开源项目或社区活动。
最终输出结构清晰、内容详尽，能够直接指导学生完成从零基础到独立开发简单应用的学习过程。

豆包

大一学生系统化学习Python的计划
第一阶段：基础语法入门（第1～2个月）
一、学习目标
1. 掌握Python的基本语法，包括变量、数据类型（整数、浮点数、字符串等）、运算符。
2. 理解控制流语句，如if-else条件判断、for和while循环。
3. 学会使用函数定义和调用。
二、推荐资源
1. 书籍：《Python基础教程》，这本书以简单易懂的方式介绍Python基础，配有大量实例。
2. 在线课程：菜鸟教程的Python基础教程，提供简洁的语法讲解和在线运行环境。
3. 网站：Python官方文档，虽然对初学者来说有一定的难度，但权威性高，可作为查询手册。
三、实践项目
1. 简单的计算器：编写一个程序，实现加、减、乘、除基本运算。
2. 猜数字游戏：计算机随机生成一个数字，玩家通过输入猜测，程序提示大了或小了，直到猜对。
四、学习建议
1. 多敲代码，不要只看不练，通过实际操作加深对语法的理解。
2. 养成良好的代码注释习惯，方便日后理解和维护代码。
第二阶段：数据结构与模块（第3～4个月）
……

这段提示词在请求豆包辅助学习时，展现出了清晰、具体且有针对性的写作技巧。首先，它明确指出了提问者的身份（大一学生）、起点（完全没有编程经验）、计划内容（从基础入门到实战应用）；接着通过一系列具体的要素，如每个阶段的学习目标、推荐资源、实践项目、学习建议等，引导豆包提供全面而个性化的辅导建议。这种结构化的提问方式，有助于豆包更精准地理解需求，从而给出高质量的学习路径规划方案。

9.1.5 学习语言

对于语言学习，豆包不仅提供了即时、准确的翻译服务，还能根据学生的水平和需求，生成个性化的学习材料和练习题。通过与豆包对话，学生可以在模拟的真实语境中实践语言技能，从而提高口语表达和听力理解能力，相关案例如下。

扫码看教学视频

提示词

我是一名英语专业的大四学生，目前正在准备全国高校英语专业八级考试，我的英语词汇量和阅读水平不够，我想知道有哪些有效的策略或练习方法可以帮助我在这两个方面取得进步？另外，请给我推荐几本合适的单词书和练习册。

豆包

对于英语专业八级考试中词汇量和阅读水平的提升，以下是一些有效的策略、练习方法及推荐的书籍。

一、词汇量提升

1. 策略

（1）制订合理的计划：根据考试大纲的词汇量，将单词分配到每天的学习任务中，例如每天背诵50～100个新单词，并定期复习。可以利用早上起床后和晚上睡觉前的时间，这两个时间段记忆效果较好。

（2）结合语境记忆：不要孤立地背单词，而是将单词放在句子、文章中理解、记忆。阅读英语新闻、小说、学术文章等，通过上下文猜测词义，加深对词汇的理解和记忆。

（3）利用碎片时间：使用百词斩、墨墨背单词等App，利用碎片时间，如坐公交、排队时进行单词学习。这些App通常有丰富的词库和多种记忆方法，如图片联想、词根词缀等。

2. 练习方法

（1）词汇专项练习：做词汇选择题、填空题等专项练习，通过练习巩固所学单词的用法和搭配。分析错题，找出自己的薄弱点，有针对性地进行强化复习。

（2）制作单词卡片：一面写单词，一面写释义、例句等，随时拿出来复习。也可以和同学互相考单词，增加学习的趣味性。

……

这段提示词清晰地阐述了学生的学习目标和困境，即准备全国英语专业八级考试，但是词汇量和阅读水平不够。通过直接提问，引导豆包提供针对性的策略、练习方法及资源推荐。这种提问方式不仅有助于豆包快速理解需求，还能确保获得的回答更加精准和实用，从而有效地支持语言学习。

9.2　创作者群体

无论是撰写创意文案、策划营销活动、优化广告语，还是挖掘热点话题、回复粉丝互动、查找所需资料，豆包都为创作者们提供了强大的支持。本节将详细探讨豆包如何助力创作者群体实现创作效率和质量的飞跃。

9.2.1　撰写创意文案

扫码看教学视频

在利用豆包撰写创意文案时，关键在于明确目标受众、文案用途、核心诉求，并融入独特的视角和情感元素，让豆包理解自己想要的风格和重点，相关案例如下。

提示词

为蛇年春节期间一家主打亲子互动的室内游乐场创作小红书推广文案，目标受众是25～35岁的年轻父母，文案要突出游乐场的蛇年特色活动、丰富的亲子游乐项目，以及能增进亲子关系的特点，风格温馨活泼，文案中要包含游玩攻略、用户评价，字数在400字左右。

豆包

蛇年遛娃宝藏地，亲子时光嗨不停！

家人们，蛇年春节不知道带娃去哪玩？这家主打亲子互动的室内游乐场，绝对是不二之选！

蛇年特色活动：春节期间，游乐场举办了超有趣的蛇年主题活动。小朋友们可以亲手绘制蛇年主题的灯笼，制作可爱的小蛇手工，还能参与“蛇年寻宝大冒险”，在欢乐中感受传统文化的魅力。

丰富游乐项目：这里的游乐设施种类非常丰富，刺激的小型过山车，让宝贝们尖叫连连；温馨的亲子烘焙区，和孩子一起动手做饼干，共享甜蜜时刻；还有梦幻的海洋球池，大人小孩都能尽情玩耍，释放童真。

增进亲子关系：每一个项目都能让家长和孩子亲密互动，在游戏中沟通，在欢笑中拉近彼此的距离，亲子关系up up！

游玩攻略：建议上午早点入场，先玩热门项目，避开人流高峰。中午在游乐场的亲子餐厅用餐，休息片刻后，再参加下午的特色活动。

用户评价：“带娃来这里玩了一天，孩子开心得不得了，我也仿佛回到了童年。工作人员很热情，活动和项目都很棒，强烈推荐！”——@宝妈小丸子快带上宝贝来这里，开启欢乐的蛇年亲子之旅吧！
#亲子游#室内游乐场#蛇年春节#亲子时光

这段提示词清晰地阐述了推广目标和对象，即为蛇年春节期间主打亲子互动的室内游乐场创作推广文案。点明了目标受众是25～35岁的年轻父母，他们注重亲子互动与孩子成长。通过明确列举要突出的特色，如蛇年特色活动、亲子游乐项目及增进亲子关系的特点，规定文案风格为温馨活泼，还要求包含游玩攻略和用户评价等内容要点，引导豆包创作出契合平台调性、受众喜好且卖点突出的推广文案。

这种提问方式有助于豆包快速理解需求，确保产出的文案精准有效，能切实助力室内游乐场在蛇年春节期间吸引更多年轻父母带孩子前来游玩。

9.2.2 策划营销活动

扫码看教学视频

在当今竞争激烈的市场环境中，策划有效的营销活动对于吸引客户、提升品牌知名度至关重要，豆包可以帮助营销人员更加高效地制定出创新且有针对性的营销策略。

豆包能够根据市场趋势、目标受众特征及品牌定位，生成详细的活动策划方案，从活动主题、宣传渠道到执行细节，提供全方位的建议。通过豆包这种智能助理，企业不仅能够加速策划过程，还能确保营销活动更加贴合市场需求，从而提高活动的成功率和影响力，相关案例如下。

提示词

你是一名活动策划专家，请为[科技公司]设计一份[空气净化设备]产品的发布会活动策划案，策划案需要包含背景、目标、可行性分析、行动计划、风险与应对措施。

豆包

空气净化设备产品发布会活动策划案
一、活动背景
随着人们生活水平的提高和对健康生活的追求，空气质量日益受到关注。[科技公司]一直致力于科技创新，研发出了一系列高效、智能的空气净化设备。为了将这款具有创新性的产品推向市场，提高产品知名度和品牌影响力，特举办此次产品发布会。
二、活动目标
1. 成功发布空气净化设备，向媒体、合作伙伴及潜在的客户展示产品的功能、特点和优势。
2. 提升公司的品牌形象，加强与各界的沟通与合作，吸引潜在的客户关注，促进产品销售。

3. 通过发布会获得媒体报道和社交媒体传播，扩大产品的市场知名度和美誉度。
三、可行性分析
1. 市场需求：随着空气污染问题日益严重，空气净化设备市场需求持续增长，为产品提供了广阔的市场空间。
2. 产品优势：本公司的空气净化设备在技术、性能和设计上具有独特优势，能够满足消费者的多样化需求。
……

这段提示词在利用豆包策划营销活动时，展现了高度的专业性和结构化思维。通过设定“活动策划专家”角色，豆包能够迅速进入专业状态，专注于为特定产品的发布会设计活动方案。

提示词中详细列出的策划案要素——背景、目标、可行性分析、行动计划、风险与应对措施，为豆包提供了清晰的框架，有助于其系统、全面地策划活动。这种结构化的提示词不仅提升了豆包的生成效率，也确保了策划案的专业性和完整性，为活动的成功举办奠定了坚实基础。

9.2.3 优化广告语

扫码看教学视频

用户在利用豆包优化广告语时，可以从突出产品核心价值、增强情感共鸣、运用修辞手法、简洁易记等方向着手，相关案例如下。

提示词

“智能扫地机器人，清洁好帮手”，这是我为一款智能扫地机器人写的广告语，请你根据产品的核心价值，为我优化一下。要求：增强情感共鸣、简单易记。

豆包

解放双手，畅享净界！[品牌名]智能扫地机器人，用科技定义家居清洁新体验。

这段提示词为豆包优化广告语提供了明确的指导和期望，通过将原广告语和要求告诉豆包，确保了广告语的针对性和专业性。这样的提示词写作方式有助于豆包明确核心任务，从而生成符合要求的广告语。

9.2.4 挖掘热点话题

扫码看教学视频

热点话题是指在一定的时间内，受到社会大众广泛关注、讨论和争议的问题或事件。这些话题通常与当前的社会、政治、经济、文化或科技等领域紧密相关，具有时效性和普遍性。热点话题因其广泛的社会关注度，能够迅速吸引大量读者的眼球。在新媒体平台上，围绕热点话题的创作往往能够获得更高的点击率、阅读量和分享次数。用户可以利用豆包挖掘热点话题，从而进行创作，相关案例如下。

提示词

请告诉我2025年春节，有哪些深受大众关注和讨论的热点话题。

豆包

2025年春节深受大众关注和讨论的热点话题如下。

一、文化传承与创新

1. 非遗年俗：2025年是春节申遗成功后的首个春节，微博《春节热度报告》显示全国超2.97亿用户参与除夕互动，年味话题阅读量突破102亿。各地传统年俗活动精彩纷呈，如北京怀柔的“五福饺子宴”融入剪纸、糖画等非遗技艺。

2. 春晚创新：2025年春晚通过丰富的非遗元素和传统文化的创新演绎，展现了中华文化的强大生命力。开场视觉秀《迎福》集齐了金木水火土16种非遗技艺，还有机器人跳舞，实现了人机融合的创新突破。

二、影视娱乐

1. 短剧爆发：2025年短剧市场迎来爆发式增长，《××××》《×××》等作品播放量破亿，主演一周涨粉超百万。影视巨头纷纷加码短剧市场，但传统影视公司也存在水土不服的问题。

……

这句提示词明确了主题背景（2025年春节），让豆包清楚内容围绕的时间和场景，并指定分析方向（有哪些深受大众关注和讨论的热点话题），从而引导豆包收集信息，挖掘出受大众关注和讨论的热点话题。

9.2.5 回复粉丝互动

当用户不知道如何和粉丝互动时，可以利用豆包生成回复文案，相关案例如下。

扫码看教学视频

提示词

我是一个拍摄搞笑短视频的博主，但没有太多人喜欢，只有几百个粉丝关注，他们一直在我的视频下鼓励我，我想要和他们进行互动，但不知道如何回复，请你为我写一段回复评论，表达我对他们的喜好和感谢。

豆包

宝子们，太感谢你们啦！每次看到你们在评论区的留言，如“笑到我腹肌都出来了”“博主继续加油，期待下一个搞笑视频”，都让我获得了满满的动力。搞笑视频创作这条路不好走，一开始播放量寥寥无几，我也很迷茫。但你们几百个粉丝的支持，就像黑暗中的点点星光，照亮了我前行的方向。我一定会用心打磨每一个视频，努力给大家带来更多欢乐，绝对不会让你们失望，爱你们！

在提示词中，用户首先明确指出了个人职业——拍摄高效短视频的博主；接着直接提出自己的困境——不知道如何与粉丝进行互动，使豆包对问题了然于心。在生成回复内容时，豆包会从个人职业和需求出发，确保内容能够满足用户的要求。

9.2.6　查找资料

在创作过程中，高效地查找所需资料是至关重要的一步，使用豆包可以更快速、更准确地获取所需的资料。豆包能够根据具体的创作主题和资料需求，快速找到相关资料，相关案例如下。

扫码看教学视频

提示词

我是一个编辑，目前正在策划写巴金的生平，请帮我找到关于巴金的生平经历、主要代表作品，以及其他学者对巴金的评价。

豆包

巴金生平的经历、主要代表作品及其他学者对他的评价如下。

一、生平经历

1. 早年经历：1904年11月25日出生于四川成都一个官宦家庭，原名李尧棠，字芾甘。自幼在家延师读书，“五四运动”中接受民主主义和无政府主义思潮。1920年至1923年在成都外语专门学校攻读英语，参加进步刊物《半月》的工作，参与组织“均社”，进行反封建的宣传活动。1922年在《时事新报·文学旬刊》发表《被虐者的哭声》等新诗。

2. 留学与创作初期：1927年赴法国，1928年在巴黎完成第一部中篇小说《灭亡》，1929年在《小说月报》发表后引起强烈反响。1928年冬回国，居上海，数年之间，著作颇多，创作了《死去的太阳》《新生》《砂丁》《萌芽》等作品。

3. 创作高峰期：1931年在《时报》上连载长篇小说“激流三部曲”之一《家》。1934年在北京任《文学季刊》编委，同年秋赴日本。1935年回国，在上海任文化生活出版社总编辑。1936年与靳以创办《文季月刊》。抗日战争期间，辗转于上海、广州、桂林、重庆等地，曾任《呐喊》周刊发行人、主编，担任历届中华全国文艺界抗敌协会的理事，完成了“激流三部曲”及“抗战三部曲”《火》，还创作了《憩园》《第四病室》等作

> 品。1946年完成长篇小说《寒夜》。
> ……

该提示词要求豆包搜索关于巴金的生平经历、主要代表作品及其他学者对巴金的评价的信息，有助于豆包聚焦问题的核心，找到更为精确、更有效的资料。

9.3 行政管理人员

在当今快速紧凑的工作节奏中，行政管理和资源管理面临着日益严峻的挑战，如招聘面试、会议纪要整理等重复性任务占据了大量时间和精力。本节将介绍如何利用豆包强大的自然语言处理能力提升工作效率，显著减轻行政管理人员的负担，使他们能够更加专注于战略规划和员工体验的提升。

9.3.1 撰写招聘启事

招聘启事是企业在寻找合适的人才时发布的一种官方通告，它详细地列出了职位的要求、职责范围、应聘条件及申请流程等关键信息。一则好的招聘启事不仅能够准确地传达岗位需求，还能体现公司的文化和价值观，吸引符合条件并且与公司愿景相匹配的求职者。

扫码看教学视频

利用豆包等人工智能技术，企业可以更加高效地创建专业的招聘启事。豆包可以根据职位的具体要求，自动生成清晰、准确且具有吸引力的招聘文案。无论是强调技能要求、描述职位职责，还是突出公司的福利和文化特色，豆包都能提供有力的支持，帮助人力资源部门节省时间，提高招聘效率。通过这种方式，企业能够更快地吸引到合适的候选人，促进人才与岗位的良好匹配，相关案例如下。

提示词

> S公司是一家在金融科技领域领先的创新企业，主营业务包括金融科技的研发与应用，如智能投顾、区块链解决方案、大数据分析等，现需招聘一名具有前瞻思维、敏锐市场洞察力的产品经理，请结合产品经理的技能，帮S公司写一则招聘启事，字数控制在500字以内。

豆包

> S公司金融科技产品经理招聘启事
> 作为金融科技领域的领军创新企业，S公司致力于金融科技的前沿研发与多元应用，业务涵盖智能投顾、区块链解决方案、大数据分析等。现因业务拓展，诚邀优秀人才加入，一同引领金融科技新时代。

岗位职责：
1. 深入研究金融科技市场，挖掘用户需求，制定产品战略与规划。
2. 主导智能投顾、区块链等金融科技产品的全生命周期管理，从概念到上线。
3. 协同研发、运营团队，推动产品迭代，优化用户体验。
4. 分析市场数据，把握行业趋势，为产品创新提供有力支持。
任职要求：
1. 本科及以上学历，金融、计算机、数学等相关专业优先。
2. 3～5年产品经理经验，有金融科技产品经验者优先。
3. 具备敏锐的市场洞察力和前瞻思维，能精准把握行业动态。
4. 熟练掌握产品设计、数据分析工具，有良好的数据敏感度。
……

在提示词中，用户首先明确指出了公司的类型和主营业务，为招聘启事设定了清晰的背景；接着直接提出招聘需求——1名产品经理，使豆包对问题了然于心。在描述岗位技能时，豆包会围绕产品经理的核心能力，如专业、市场洞察力、数据分析等，确保内容能够吸引到具备相关经验的求职者。

9.3.2　撰写面试问题

人力资源（Human Resources，HR）面试是人力资源部门在招聘过程中对求职者进行评估的重要环节，它旨在评估候选人的技能、经验和个性是否符合职位要求及公司文化。通过一系列的问题和互动，HR面试官能够了解应聘者的背景、职业目标及解决问题的能力，从而筛选出最适合岗位的人选。

扫码看教学视频

豆包可以根据不同的职位要求生成有针对性的面试问题，帮助企业和求职者提前准备面试环节。无论是面试问题的设计，还是情景模拟的构建，豆包都能够提供定制化的解决方案，确保面试过程更加全面和有效，同时也有助于提升面试的标准化程度和公平性，相关案例如下。

提示词

现在你是一名[通信]公司的面试官，你将面试[软件开发工程师]岗位的候选人，请从[专业知识技能、通用能力、经验、个人特质]4个角度出发，准备一个面试问题列表。

豆包

一、专业知识技能
1. 请谈谈你对常用编程语言（如Java、Python等）特性及应用场景的理解。

2. 如何优化数据库查询语句以提高系统性能？
3. 说说你对软件开发过程中版本控制工具（如Git）的使用经验。
二、通用能力
1. 当你在开发中遇到技术难题时，你会如何解决？请举例说明。
2. 假如项目临近交付却发现重大缺陷，你会怎么应对？
3. 描述一次你需要在多个任务间高效切换并保证完成质量的经历。
三、经验
1. 请分享你参与过的最复杂的软件开发项目，你在其中承担什么角色，遇到了哪些挑战？
2. 有没有参与过跨部门合作的项目？谈谈合作过程中的沟通与协作情况。
3. 在过往的项目中，你有没有主导过技术方案的选型？说说具体情况。
……

豆包在生成此类面试问题时的提示词写作技巧体现在结构化与全面性上。通过将面试问题划分为“专业知识技能、通用能力、经验、个人特质”4个维度，确保了问题的系统性和深度，可以让豆包帮助面试官全面评估候选人的综合能力，从而提升面试的效率和效果。

9.3.3 撰写面试自我介绍

面试自我介绍是指在求职面试中，求职者向面试官介绍自己的一段重要陈述，通常包含求职者的教育背景、工作经验、专业技能及个人优势等方面的信息。良好的自我简介能够给面试官留下深刻的第一印象，有助于展示求职者的自信和专业素养，同时也是展示个人与应聘职位匹配度的重要机会。

扫码看教学视频

借助豆包这样的AI工具，求职者可以更加轻松地准备出一份条理清晰、亮点突出的面试自我介绍。豆包能够根据求职者的个人信息和职位要求，生成结构合理、表达精准的简介文本。无论是提炼核心竞争力，还是构思流畅的表述，豆包都能提供有效的帮助，使求职者在面试中更好地展现自己，增加获得理想工作的机会，相关案例如下。

提示词

作为一名新媒体运营人员，我拥有7年媒体行业经验，擅长内容策划与编辑，有成功运营多个社交媒体账号的经验，对数字营销和内容创新充满热情，请帮我撰写一段面向传媒公司新媒体运营岗位的面试自我介绍，强调我的编辑技能、社交媒体影响力，以及内容创新的愿景。

豆包

> 尊敬的面试官，您好！我叫[你的名字]，非常荣幸能有机会参加此次面试。我在新媒体行业深耕已有7年，在新媒体运营领域积累了丰富且扎实的经验。
> 在内容策划与编辑方面，我凭借对文字的敏锐感知和精准把控，能迅速抓住热点，创作出吸引受众的优质内容。曾为多个项目撰写深度稿件，从选题策划到最终成稿，全程独立完成，稿件发布后均获得了高阅读量与大量积极反馈。
> 在社交媒体运营上，我成功运营多个社交媒体账号，粉丝增长显著，互动量也十分可观。通过精准的用户画像分析，制定针对性的运营策略，有效提升了账号的影响力和用户黏性。
> 我对数字营销和内容创新满怀热忱，一直关注行业动态，不断探索新的内容形式和传播渠道。若有幸加入贵公司，我期望能充分发挥自身优势，利用创新思维，为公司打造更具影响力的新媒体内容，助力公司在新媒体领域持续突破与发展。谢谢！

豆包在生成这段面试自我简介时，提示词写作技巧体现在精准提炼与亮点突出上。通过“新媒体运营人员”的身份定位，直接引出专业技能点“策划和编辑”，并迅速关联到“成功运营多个社交媒体账号”的能力，有效展示了编辑与运营实力。同时，强调“内容创新”，作为个人特质的亮点，进一步提升了自我介绍的吸引力和说服力，让面试官能够迅速捕捉到候选人的核心竞争力。

9.3.4　整理会议纪要

在现代企业运营中，高效的会议管理是提升团队协作和决策效率的关键，使用豆包可以显著简化会议纪要的整理工作。豆包能够根据会议内容生成结构清晰、重点突出的会议纪要，确保会议的所有参与者都能快速掌握会议的核心内容和行动要点。

扫码看教学视频

通过豆包这种智能助理，企业不仅能够提高会议后续执行的效率，还能确保信息传递的准确性和及时性，从而提升整体的工作效能，相关案例如下。

提示词

> 我将给你提供一段会议纪要，帮我整理成更规范的形式，包括会议的基本信息、目的和议题、内容摘要、决议和行动事项、附件和参考信息。
> 以下是会议纪要的内容：
> （略，详细内容见提示词文档）

豆包

> 以下是整理完成的更规范形式的会议纪要。
> 一、会议基本信息

1. 会议主题：产品培训会议
2. 会议时间：6月24日，14：00—16：00
3. 参与者：李经理、销售部门、产品研发部门
二、会议目的和议题
1. 目的：通过对新品的培训，让销售部门和产品研发部门深入了解新品，并共同研讨新品的推广计划和方案，以促进新品的市场推广。
2. 议题：
（1）介绍新品的功能特点、使用场景、优势对比、常见问题解决等内容。
（2）研讨新品推广计划。
（3）研讨新品推广方案。
……

这段提示词为豆包整理会议纪要提供了清晰的结构框架，极大地简化了任务的复杂度。提示词不仅明确了会议纪要的基本组成部分，如基本信息、目的议题、内容摘要、决议行动及附件参考，还通过具体示例引导豆包理解每部分应包含的内容。

这种结构化的提示词有助于豆包更准确地识别信息，并按要求整理，提高了会议整理的效率和结果的规范性。

9.3.5 撰写商业计划书

在创业和企业发展过程中，一份详尽的商业计划书是获得投资、明确战略方向和指导运营的关键，使用豆包可以更高效地撰写出结构清晰、内容丰富的商业计划书。豆包能够根据企业的具体情况和市场环境，生成涵盖市场分析、产品或服务描述、营销策略、财务预测等多个方面的专业内容，相关案例如下。

扫码看教学视频

提示词

请作为一名专业的商业策划专家，撰写一份[轻食店运营计划]的商业计划书，计划在未来两年内扩张至10个新城市，要求内容全面、完整（包括选址标准、装修风格和服务流程）、思路清晰、可行性强，能够吸引潜在投资者和合作伙伴的关注。

豆包

轻食店运营计划商业计划书
一、项目概述
随着人们健康意识的提升，轻食市场迅速崛起。本轻食店致力于提供新鲜、健康、美味

的轻食产品，满足消费者对健康饮食的需求。计划在未来两年内扩张至10个新城市，打造成为全国知名的轻食品牌。

二、市场分析

1. 目标市场：主要针对年轻的上班族、健身爱好者、学生等注重健康和身材管理的人群。
2. 市场规模：近年来，轻食市场规模持续增长，预计未来几年仍将保持较高的增长率。
3. 竞争分析：虽然市场竞争激烈，但本轻食店将凭借独特的产品口味、优质的食材和贴心的服务脱颖而出。

……

这段提示词为豆包撰写商业计划书提供了明确的指导和期望，通过设定专业角色（商业策划专家）和具体目标，确保了豆包生成的计划书的专业性和针对性。

同时，提示词要求内容全面完整、思路清晰、可行性强，并强调吸引潜在投资者和合作伙伴的关注，这些标准能够促使豆包生成一份高质量、有说服力的商业计划书，对于企业筹集资金、拓展市场具有重要意义。

9.3.6 撰写SWOT分析报告

在企业管理和战略规划中，SWOT（优势 Strengths，劣势 Weaknesses，机会 Opportunities，威胁 Threats）分析是评估企业内外部环境的关键工具，使用豆包可以更高效地生成全面且细致的 SWOT 分析报告。

扫码看教学视频

豆包能够根据企业的具体情况和市场数据，提供涵盖企业内部优势与劣势、外部市场机会与威胁的详细分析，帮助企业实现可持续发展，相关案例如下。

提示词

我们是一家设计公司，善于用AI辅助产品设计，请分析未来几年内人工智能技术的发展趋势，并提出我们如何利用这些趋势来扩大市场份额，生成一个SWOT分析报告。

豆包

设计公司利用人工智能扩大市场份额的SWOT分析报告

一、引言

随着科技的飞速发展，人工智能（AI）技术正深刻地改变着各个行业，设计领域也不例外。作为一家善于运用AI辅助产品设计的设计公司，准确把握AI技术未来的发展趋势，并据此制定合理的市场策略，对于扩大市场份额、提升竞争力至关重要。本报告将通过对未来几年AI技术发展趋势的分析，结合公司自身情况，进行SWOT分析，并提出相应的市场策略建议。

二、人工智能技术发展趋势

1. 技术维度

（1）推理能力提升：深度学习算法通过强化学习不断增强模型的推理能力，大型语言模型如GPT—5在复杂任务中的表现将更加准确和高效，为设计提供更强大的创意和分析工具。

（2）合成数据应用：GAN等技术合成高质量样本，解决数据稀缺问题，尤其是在医疗、金融等敏感领域保障数据隐私安全，设计公司也可利用合成数据训练模型，提升设计能力。

（3）缩放法则持续有效：更大规模的模型训练将推动AI发展，开启新的技术路径，提升AI在设计任务中的表现，如生成更复杂、更符合需求的设计方案。

……

这段提示词为豆包生成SWOT分析报告提供了清晰的方向和框架。首先，明确了公司的行业背景和专长（设计公司，善于用AI辅助产品设计），这有助于豆包聚焦分析范围；其次，要求分析未来几年的技术发展趋势，这能够促使豆包深入研究行业动态，为策略制定提供前瞻视角；最后，提出如何利用趋势扩大市场份额，并生成SWOT报告，确保了分析结果的实用性，对公司战略规划具有重要的指导意义。

9.4 销售人员

在销售领域，提高工作效率是提升竞争力的关键，使用豆包可以显著优化销售流程，从营销文案创作到营销策略制定等多个方面实现效率的飞跃。本节将介绍豆包如何助力销售人员提升客户满意度和转化率，并在日常推销中节省大量时间和资源。

9.4.1 生成销售跟进话术

扫码看教学视频

在销售过程中，有效的沟通技巧是促成交易的关键，使用豆包可以更高效地生成专业的销售跟进话术。豆包能够根据客户的特点和销售场景，提供从初次接触、需求挖掘到促成交易的一系列对话建议。

无论是解决客户疑虑、展示产品优势，还是处理价格谈判，豆包都能提供精准、自然的表达方式。通过豆包这种智能助理，销售人员不仅能够提高沟通的效率和质量，还能确保每次交流都能精准地触动客户的需求，从而提升成交率和客户满意度，相关案例如下。

提示词

你是一名[房地产行业]的销售，你需要和一些[尚未表现出明确购买意愿的客户]进行回访和沟通，请给出5个实用的回访话术，风格要求亲切、朴实，要求在话术中展现你对客户的关注，要求挖掘客户的顾虑点，字数在50～100字。

豆包

1. 您好呀！我是[姓名]，之前带您看过[楼盘名称]。不知道您最近忙不忙？我一直记挂着您呢，要是您对房子还有啥疑问，不管是户型、配套还是价格，都能跟我讲，别客气。
2. 尊敬的客户，好久没联系啦！我是[楼盘名]的[你的名字]。上次您来看房后，我就想着您会不会有新的想法，比如周边学校资源、物业服务细节等，您要是有顾虑，随时跟我说。
3. 您好！我是[你的名字]，之前咱们一起看过[楼盘]。您最近过得怎么样？买房子毕竟是大事，要是您对预算、交房时间这些方面有担心，都可以跟我聊聊，我帮您出出主意。
4. 客户您好，我是[房地产公司]的[你的名字]。最近蛇年到啦，给您拜个晚年！之前您来看房，我想着您可能对小区环境、居住舒适度还有疑虑，您方便的话，咱们细聊下。
5. 好久不见啦！我是[姓名]，来自[楼盘]。蛇年新气象，不知道您的买房计划有没有新进展？要是对交通便利性、房屋朝向这些还有顾虑，随时找我，我全力帮您解答。

这段提示词通过指定“房地产行业”背景和“尚未表现出明确购买意愿的客户”对象，明确了场景与目标受众，确保了话术的针对性和适用性。

同时，提示词要求“亲切、朴实”，展现对客户的关注，以及挖掘客户顾虑点，不仅规范了豆包生成的话术语气和内容，还增强了沟通效果。最后的字数限制，则有助于豆包生成精练高效的话术。

9.4.2　生成商品详情页文案

在电商领域，吸引人的详情页文案是提升产品转化率的关键，使用豆包可以更高效地生成高质量的产品详情页文案。

扫码看教学视频

豆包能够根据产品的特点和目标客户的需求，提供从产品亮点描述、使用场景介绍到客户评价展示等一系列文案内容。无论是突出产品优势、解答常见疑问，还是引导客户下单，豆包都能提供精准且吸引人的表述，相关案例如下。

提示词

为新款智能手表撰写一段吸引人的详情页文案，强调其健康监测功能（心率、血氧、睡眠）、长电池续航（14天）、时尚设计（适用于各种场合），以及兼容苹果和安卓系统，目标受众为追求健康生活方式的科技爱好者，保证24小时内发货，支持7天无理由退换货。

豆包

时尚科技新宠，你的健康生活伴侣

专为追求健康生活方式的科技爱好者打造，这款智能手表将时尚与功能完美融合，成为你生活中的得力助手。

精准健康监测，时刻守护你的健康

搭载先进的传感器，能实时精准监测心率、血氧水平和睡眠质量。无论是运动时的心率变化，还是睡眠中的呼吸状况，都能清晰掌握。通过专业分析，为你提供个性化的健康建议，助你时刻保持最佳状态。

14天超长续航，告别电量焦虑

采用低功耗技术和高效电池，一次充电可轻松使用14天……

这段提示词通过详细列出产品信息、目标受众、包装内容、保证与支持等关键要素，让豆包能够迅速理解需求背景，生成更为精准、全面的文案内容。这种清晰详细的提示词不仅提高了豆包的文案生成效率，还确保了文案的针对性和吸引力，有助于提升商品详情页的转化率。

9.4.3 生成商品评价

真实且详尽的商品评价是促使用户做出购买决策的重要依据，使用豆包可以更高效地撰写优质的商品评价。豆包能够根据商品的特性、用户体验及具体使用场景，生成内容丰富、客观公正的评价文本，相关案例如下。

扫码看教学视频

提示词

请为[儿童发夹]写一条[5星好评]，要求体现[质量好、漂亮、物美价廉]的特点，注意需要强调自身使用感受，内容超过50字。

豆包

新年给女儿买了这几款儿童发夹，必须来给个五星好评！实物到手太惊喜了，发夹的做工精致，材质也很亲肤，用了这么久都没出现掉色、变形的情况。款式也很可爱，女儿戴上就不肯摘，好多人问我在哪买的。价格也很实惠，性价比超高，以后还会回购的！

这段提示词通过明确指定评价对象（儿童发夹）、评价等级（5星好评），以及需突出的特点（质量好、漂亮、物美价廉），让豆包能够迅速聚焦核心信息，生成符合要求的评价内容。同时，强调个人使用感受的要求，促使豆包生成的评价更加真实、生动，增加了评价的可信度和说服力，有助于提升商品在潜在买家中的好感度。

9.4.4　生成活动促销文案

有效的促销文案是吸引用户的关键，使用豆包可以更高效地生成创意丰富且针对性强的促销文案。豆包能够根据店铺的特点、促销活动的内容，以及目标受众的需求，提供从活动主题、优惠信息到呼吁行动的一系列文案建议，相关案例如下。

扫码看教学视频

提示词

为即将到来的夏季大促，创作一段吸引年轻消费者的运动鞋促销文案，强调限时七折和时尚元素，风格轻松、活泼。

豆包

夏日潮鞋狂欢，燃爆青春

宝子们，夏天的脚步越来越近啦，是时候给鞋柜来次大焕新！

我们精心挑选的运动鞋，每一款都走在时尚前沿，独特的配色、个性的设计，轻松拿捏潮流，不管是运动健身，还是日常出街，都能让你成为人群中的焦点。

重点来了！本次夏季大促，限时七折优惠，这波福利错过可就亏大啦！性价比直接拉满，用超划算的价格，把时尚好物带回家。

别再犹豫，赶紧抓住这次机会，挑选属于你的夏日专属战靴，一起在这个夏天，潮酷到底！

如果你对文案还有其他想法，比如加入特定鞋款细节，或者调整语言风格，都能随时告诉我。

这句提示词明确了活动的核心要素：目标受众（年轻消费者）和优惠内容（限时七折），不仅为豆包提供了具体创作框架，还确保了文案能够有效地传达促销信息。

9.4.5　生成产品推广文案

产品推广文案通常是指用于概括产品亮点、展示产品优势的文本，旨在通过文字打动用户，提高产品的购买力。在豆包的帮助下，用户可以迅速获得推广文案，从而增加产品的影响力和销售量，相关案例如下。

扫码看教学视频

提示词

请根据以下产品信息，为[笔记本电脑]生成一篇产品推广文案。

> 产品信息：便于携带、功能全面、性能强大、物美价廉。

豆包

> 性能强劲，轻薄随行——超值笔记本电脑来袭
> 还在为寻找一款既方便携带，又功能全面、性能强大的笔记本电脑而烦恼？别找了，这款笔记本电脑，绝对是你的不二之选！
> 它拥有轻薄的机身，重量仅[×]千克，厚度不到[×]毫米，无论是日常通勤、出差旅行，还是课堂学习、户外办公，都能放入背包，随时随地开启工作与娱乐模式，真正做到便携无负担。
> 在性能方面，这款笔记本电脑搭载了[处理器型号]处理器，多核心的强大运算能力，轻松应对多任务处理，无论是运行大型办公软件、进行复杂的图像编辑，还是畅玩热门网络游戏，都能保持流畅稳定，绝不卡顿。高性能显卡的加持，更是让图形处理能力大幅提升，为你呈现逼真细腻的画面效果。
> 功能全面是它的又一亮点。丰富的接口设计，涵盖USB、HDMI、Type-C等，满足你连接各种外部设备的需求，无论是外接显示器、打印机，还是传输文件到移动硬盘，都能轻松实现。高清摄像头和双麦克风，让视频会议、在线学习更加清晰流畅。长续航电池，一次充电即可满足你一整天的使用需求，告别电量焦虑。
> 最让人惊喜的是，如此出色的笔记本电脑，价格却十分亲民。我们致力于为消费者提供物美价廉的产品，让每个人都能享受到科技带来的便利与乐趣。这款笔记本电脑，用亲民的价格，为你带来旗舰级的使用体验。
> ……

这段提示词精准地概括了产品的核心卖点，包括便于携带、功能全面、性能强大、物美价廉。这样的提示词不仅为豆包提供了丰富的创作素材，还确保了文案能够全面、准确地传达产品的优势，从而有效提升产品的吸引力和市场竞争力。

9.4.6 构建客户关系

建立稳固的客户关系是提升客户忠诚度和品牌价值的关键，使用豆包可以帮助商家更高效地与客户进行沟通，快速建立起良好的关系。豆包能够根据客户的个性化需求和互动历史，提供定制化的交流建议和服务方案。

扫码看教学视频

无论是通过即时消息回应客户咨询、提供个性化的购物建议，还是主动推送相关优惠信息，豆包都能确保每一次互动都精准且贴心。通过豆包这种智能助理，商家不仅能够提高客户满意度，还能在繁忙的日常运营工作中节省时间，专注于更高层次的业务发展，相关案例如下。

提示词

本公司有一位重要的合作伙伴结婚，请撰写一条祝福信息，感谢他一直以来的支持，并送上合适的新婚礼物。

豆包

[合作伙伴称呼]，恭喜你步入婚姻殿堂，开启人生新篇！一直以来，感谢你在合作中展现出的专业与真诚，和你携手共进的每一个项目都充满挑战与收获，那些一起攻克难题、达成目标的经历，是我们合作路上最珍贵的回忆。

如今，你迎来了人生中最重要的时刻，我由衷地为你感到高兴。为表心意，我特意为你和爱人准备了一份新婚礼物——[礼物名称]。它不仅是一份心意，更承载着我对你们未来生活的美好祝愿，愿它能为你们的家增添温馨，成为你们幸福生活的见证。

再次祝愿你们新婚快乐，百年琴瑟，永结同心！未来的日子里，无论生活还是事业，都期待能继续与你并肩前行，共同创造更多辉煌。

这句提示词明确了沟通的具体情境——向重要的合作伙伴表达新婚祝福，并融入了感谢与回馈的情感元素。这样的提示词可以引导豆包生成既温馨又具实用价值的回复，进一步巩固合作关系。

9.5　普通人群

在快节奏的现代生活中，一个得力的AI助手能够让人们的生活更加便捷和舒适。豆包正是这样一位全能的AI生活助手，它不仅能够提供天气预报和出行建议，还能协助人们管理购物清单、推荐菜谱，甚至还能为旅行规划提供建议，让人们的生活更加丰富多彩。

9.5.1　天气预报和出行建议

扫码看教学视频

通过简单的对话，豆包能即时提供较为准确的天气预报信息，无论是温度、湿度还是降水概率，它都能告知，这对人们的日常出行安排至关重要。无论是计划晨跑、户外野餐还是长途旅行，用户都能根据豆包提供的天气预报做出更明智的决策。

不仅如此，豆包还能根据天气情况给出贴心的出行建议。例如，在雨天提醒用户携带雨伞、穿着防水鞋；在炎热的夏日建议用户做好防晒措施、及时补充水分。这些建议既实用又贴心，让用户的出行更加顺利、舒适。使用豆包提供天气预报和出行建议的相关案例如下。

提示词

我打算这个周末早晨去公园锻炼，你能否帮我查看一下长沙本周末的天气预报？我想知道是否会下雨、气温大概是多少，以及是否有大风等需要注意的天气状况。基于这些天气信息，你能给我一些关于是否继续原计划或者需要做哪些准备（比如带上雨具、防晒霜等）的建议吗？

豆包

据墨迹天气消息，长沙本周末的天气预报如下。

星期六：多云，气温11℃～20℃，东北风3级，湿度58。

星期天：多云，气温12℃～19℃，东北风3级，湿度54。

根据上述天气信息，给出以下建议。

是否继续原计划：本周末长沙无雨，天气以多云为主，比较适合去公园锻炼。但两天都有3级东北风，可能会稍有凉意，整体来说可以按原计划进行锻炼。

准备事项

穿着方面：由于早晚可能偏凉，建议穿着轻便的运动外套，内搭透气的运动T恤，下身可穿运动长裤，脚蹬舒适的运动鞋。也可携带一件薄的防风外套，运动结束后及时穿上，避免着凉。

其他物品：风不算大，一般不需要特别准备防风装备，但可戴上运动帽，既能起到一定的保暖作用，又能防止运动时汗水流入眼睛。另外，无须携带雨具和防晒霜，但要带上水壶，及时补充运动中流失的水分。

这段提示词明确且具体地提出了需求，不仅询问了本周末的天气情况，还详细列出了想要了解的具体信息，如是否下雨、气温、大风等，这为豆包提供了明确的回答方向。同时，提示词还基于这些信息提出了出行建议的需求，使得豆包的回答更加具有针对性。

9.5.2 购物清单和穿搭助理

当用户需要购买日常用品或计划一次家庭购物时，只需向豆包提供一份购物清单，它就能帮助用户检查是否有遗漏的必需品，并推荐性价比高的商品。不仅如此，豆包还能根据用户的购物习惯和预算，给出合理的购物建议，帮助用户节省开支。

扫码看教学视频

而在穿搭方面，豆包能根据用户的身材特点、肤色及场合需求，提供个性化的穿搭建议。无论是休闲装还是正装，豆包都能为用户搭配出既时尚又舒适的装扮，让用户能够更加自信地展现自己的风采，成为众人瞩目的焦点。使用豆包提供购物清单和穿搭推荐的相关案例如下。

提示词

我准备暑假时去云南度假，想请你帮我准备一份详细的旅行购物清单。另外，我希望得到一些关于如何根据云南必打卡景点来挑选合适的服装和配饰的建议，需要每一个景点都有一套穿搭。

豆包

一、云南旅行购物清单

1. 衣物类：短袖、短裤、长裤、薄外套、裙子、泳衣、舒适的运动鞋、凉鞋、拖鞋、帽子、墨镜、围巾、防晒衣。

2. 护肤美妆类：防晒霜、保湿乳液、补水面膜、润唇膏、遮阳帽、遮阳伞、洗漱用品、化妆品、卸妆产品。

3. 证件类：身份证、驾驶证（自驾的话）、学生证/老年证等（如有可享受优惠的证件）。

4. 电子设备类：手机、相机、充电宝、充电器、耳机。

5. 其他类：旅行背包、随身小包、肠胃药、感冒药、晕车药、防蚊虫叮咬药、纸巾、湿纸巾、保温杯。

二、根据云南必打卡景点搭配穿搭

1. 大理洱海：洱海风景优美，适合清新文艺风穿搭。可以穿一条白色雪纺连衣裙，搭配编织草帽和彩色的编织挎包，再加一双白色平底凉鞋。配饰选择简约的银色项链和手链。

2. 丽江古城：古城充满古朴韵味，穿民族风服饰会很应景。一件蓝色扎染上衣搭配白色阔腿裤，再穿上一双绣花布鞋。佩戴一个具有民族特色的银质吊坠和彩色的手绳。

……

这段提示词首先清晰地表达了即将进行的活动（暑假云南度假），并据此提出了想要一份购物清单的需求，为豆包提供了明确的方向；接着进一步细化需求，提出了根据不同打卡景点挑选服装和配饰建议请求。这样的提示词写作方式，有助于豆包提供令人满意的购物和穿搭建议。

9.5.3 推荐菜谱和指导烹饪

扫码看教学视频

当用户面对琳琅满目的菜谱无从选择时，豆包能根据用户的口味偏好、饮食需求及食材储备情况，推荐合适的菜谱。在烹饪过程中，豆包更像是一位私人厨师，它能提供详细的步骤指导和技巧提示，帮助用户轻松掌握烹饪要领。同时，豆包还能解答用户在烹饪过程中遇到的各种疑问，确保每一道菜都能完美呈现。使用豆包提供菜谱推荐和烹饪指导的相关案例如下。

提示词

我打算在中秋节为爸爸妈妈策划一场特别的家庭晚餐，希望你能帮我设计一个完整的菜单，包括一道精致的前菜、四道令人印象深刻的主菜，其中要有一种汤，以及一款温馨的甜点。考虑到这是一个庆祝团圆的场合，我希望能有一些创意性的摆盘技巧和餐桌布置建议，让整个用餐体验更加完美。另外，爸爸妈妈对海鲜过敏，喜欢吃辣，请问有什么好的推荐吗？

豆包

一、前菜

菜名：五彩灯笼沙拉

食材：彩椒（红、黄、绿）、紫甘蓝、生菜、黄瓜、樱桃番茄、苦菊、橄榄油、香醋、蒜末、盐、黑胡椒、辣椒油。

做法：将各种蔬菜洗净切丝或切块，摆成灯笼形状，淋上用橄榄油、香醋、蒜末、盐、黑胡椒、辣椒油调制的油醋汁。

摆盘技巧：用不同颜色的蔬菜摆出灯笼轮廓，用樱桃番茄摆出灯笼穗，颜色鲜艳，寓意团圆美好。

二、主菜

1. 菜名：麻辣香锅（无海鲜版）

食材：五花肉、鸡翅、土豆、莲藕、西蓝花、木耳、香菇、洋葱、芹菜、干辣椒、花椒、火锅底料、姜、蒜、生抽、料酒、盐、白糖、白芝麻。

……

这段提示词首先明确了需求场景——在中秋节为爸爸妈妈策划家庭晚餐，然后列出了具体需求，包括完整菜单的设计、创意摆盘技巧和餐桌布置建议，同时考虑了爸爸妈妈的食物过敏情况和口味偏好。这种详细且有针对性的提示词描述，能使豆包提供的菜谱推荐和烹饪指导建议更加贴合用户的特定需求。

9.5.4 推荐景点和规划旅游

无论是寻找热门景点还是小众去处，豆包都能根据用户的兴趣和偏好，为其量身定制一份旅行清单。同时，豆包能详尽介绍每个景点的特色、历史背景及最佳游览时间，让用户的旅行更加丰富多彩。

扫码看教学视频

在旅行规划方面，豆包同样表现出色，它能根据用户的行程时间、预算及交通方式，为用户规划出一条既经济又高效的旅行路线。同时，豆包还能提供实用的旅行小贴士，如当地美食推荐、住宿选择及安全注意事项，让用户的旅行更加安心、愉快。使用豆包提供景点推荐和旅游规划的相关案例如下。

提示词

我计划和女朋友去旅行，时间为一周，请帮我寻找一个理想的度假目的地。我希望找到一个既浪漫、人又少的地方。你能推荐几个这样的目的地吗？并且给出每个地方的具体游玩项目、住宿建议及交通方式的选择？

豆包

以下是一些既浪漫又人少，适合情侣一周旅行的目的地推荐。

一、抚仙湖

1. 游玩项目：可沿环湖西路欣赏红沙滩、孤山等美景，在明星鱼洞感受清澈的水质；也可在禄充风景区漫步、欣赏笔架山风光；还能租电瓶车或自行车沿湖骑行，享受浪漫的环湖时光；傍晚找一处湖边高地欣赏绝美的日落。

2. 住宿建议：广龙小镇有很多性价比高的湖景房，100出头就有，好一些的酒店200～300元；小湾村民宿景色好，是网红民宿聚集区，但价格较高，淡季也要300～500元；月亮湾附近的酒店景观房不错，只是附近吃饭选择少。

3. 交通方式：可从昆明南部汽车客运站坐昆明至澄江的大巴，再从澄江汽车客运站转乘环湖东线或西线公交；也可从昆明打车前往，约160元；还可以选择包车或自驾。

……

这段提示词首先清晰地表达了旅行的计划和需求，特别是强调了希望找到一个既浪漫人又少的地方；接着详细列出了希望豆包提供的信息，包括目的地推荐、具体游玩项目、住宿建议和交通方式选择，这种细致的要求有助于豆包提供更加实用的旅行规划建议。

9.5.5 娱乐休闲和游戏攻略

扫码看教学视频

娱乐休闲是生活的重要组成部分，它不仅能够让人们放松身心，还能激发大家的创造力和想象力。有了豆包这个AI助理的陪伴，娱乐休闲与游戏世界会变得更加丰富多彩，让用户的生活更加有趣、有料。

无论是电影爱好者，还是游戏发烧友，豆包都能为其提供个性化的娱乐建议。豆包能根据用户的喜好，推荐合适的电影、电视剧或游戏，让用户的闲暇时光更加充实有趣。对游戏玩家来说，豆包更是一个不可多得的攻略助手，它能为用户提供详尽的游戏攻略，帮助用户解决游戏中的难题，提升游戏水平。使用豆包提供娱乐休闲和游戏攻略的相关案例如下。

提示词

我平时很喜欢看书，但目前有点书荒，请你根据我的喜好为我推荐几本合适的书籍，并说明这些作品值得一读的理由。

喜好：对中国现代文学作品比较感兴趣，尤其喜欢茅盾的作品。

豆包

如果你喜欢茅盾的作品，以下是一些中国现代文学作品推荐。

1. 巴金《家》《春》《秋》

推荐理由：这三部作品被称为“激流三部曲”，以20世纪20年代初期中国内地城市四川成都为背景，描写了高公馆由盛转衰，以及觉新、觉民、觉慧等年轻人在封建家庭的束缚下，各自不同的选择和命运。巴金以细腻的笔触塑造了众多性格鲜明的人物形象，展现了封建礼教的腐朽和对人性的压抑，以及年轻一代对自由、民主和新思想的追求与抗争，与茅盾作品关注社会变革、剖析社会现象的特点有相似之处，具有深刻的社会意义和思想价值。

2. 老舍《骆驼祥子》

推荐理由：作品以20世纪20年代军阀混战时期的北京为背景，通过人力车夫祥子三起三落的人生经历，真实地反映了那个黑暗、混乱、贫穷的社会，展现了城市底层人民的悲惨生活。老舍用朴实生动的语言，成功地塑造了祥子这一典型形象，以及虎妞、刘四爷等一系列个性鲜明的人物，深刻地揭示了半殖民地半封建社会的黑暗和罪恶，对社会问题的挖掘十分深刻，和茅盾作品对社会现实的批判力度有异曲同工之妙。

……

这段提示词首先明确了用户在娱乐休闲方面的喜好，即中国现代的文学作品，然后提出了具体的需求，即推荐几本合适的书籍。另外，提示词中还进一步要求豆包分享推荐理由，这有助于它提供更深入、更有价值的建议。

9.5.6 培养兴趣和社交活动

扫码看教学视频

豆包这一创新性的AI助理，正逐渐融入人们的日常生活，成为大家培养兴趣与策划社交活动的得力伙伴。无论用户对何种兴趣爱好充满热情，豆包都能为其提供个性化的培养建议。从绘画、音乐到编程、手工艺，豆包都能根据用户的兴趣和目标，推荐适合的学习资源和活动，帮助用户不断提升自我。

同时，豆包还是社交活动策划的能手，它能根据用户的需求和喜好，策划独特的聚会、旅行或其他活动，让用户的生活更加丰富多彩。豆包还能提供活动安排、场地选择、参与人员沟通等全方位的支持，确保用户的活动顺利进行。使用豆包进行兴趣培养和社交活动的相关案例如下。

提示词

我最近喜欢上了剪纸，但作为一个完全的新手，我还不知道关于剪纸的技巧，你能给我说说剪纸的由来，并分享一些剪纸的基本技巧吗？

豆包

以下是关于剪纸的由来及一些基本技巧。

一、剪纸的由来

剪纸艺术历史悠久，其雏形可以追溯到春秋战国时期，当时人们就已经开始使用薄片材料，通过镂空雕刻的技法制成工艺品，如用皮革、银箔、绢帛等进行雕刻、镂空。

真正意义上的剪纸，是在纸发明之后才逐渐发展起来的。东汉蔡伦改进造纸术之后，纸张的普及为剪纸提供了丰富的材料，剪纸艺术也随之蓬勃发展。

到了唐代，剪纸艺术已经相当成熟，在民间广泛流传，人们用剪纸来美化生活、装饰环境，如在窗户、墙壁上张贴各种剪纸作品。

宋代时期，剪纸艺术更加繁荣，不仅应用于日常生活中的装饰，还出现了专业的剪纸艺人，剪纸开始与其他艺术形式相结合，如用于灯彩、茶盏等的装饰。

明清时期，剪纸艺术达到鼎盛，题材更加广泛，技艺更加精湛，形成了不同地域风格的剪纸流派，如北方剪纸粗犷豪放，南方剪纸细腻婉约。

……

这个提示词首先明确了用户的兴趣点——剪纸，并指出了自己是新手的状态，这为豆包提供了精准的帮助定位；接着要求豆包说说剪纸的由来和基础技巧。这样的提示词写作方式，有助于豆包提供更全面、更有针对性的帮助，满足用户的需求。

9.6 本章小结

本章概述了豆包智能办公在不同用户群体中的多样应用。针对教师、学生、创作者、行政管理人员及销售人员，豆包提供了备课、研究支持、文案撰写、活动策划、招聘管理、销售跟进等全方位的办公辅助。

同时，它也为普通人群带来了便利，如天气预报、购物清单、穿搭建议、菜谱推荐、旅游规划及娱乐休闲等。豆包以其强大的功能和广泛的应用场景，不仅提升了人们的工作效率，也丰富了人们的日常生活，展现了智能办公的无限潜力。

9.7 课后实训

鉴于本章知识的重要性，为了帮助读者更好地掌握所学知识，本节将通过课后实训，帮助读者进行简单的知识回顾和补充。

扫码看教学视频

实训任务：利用豆包，撰写一篇创意文案，相关案例如下。

提示词

在七夕节，为一家花店撰写一篇创意文案，目标受众是年轻情侣，文案要突出鲜花的优惠活动、鲜花的含义，以及能增进关系的特点，风格温馨浪漫，文案中要包含鲜花推荐、用户评价，字数在400字左右。

豆包

七夕浪漫之约，鲜花传递爱意

七夕，这个专属于情侣的浪漫节日，空气中都弥漫着甜蜜的气息。在这个特别的日子里，还有什么比一束娇艳欲滴的鲜花更能表达爱意呢？

我们花店为大家准备了超多惊喜优惠活动！购买任意花束，即可享受8折优惠，还赠送定制的情侣钥匙扣，让你们的爱时刻相伴。

红玫瑰，爱情的经典象征，热情似火，每一片花瓣都诉说着“我爱你”，是告白与示爱的不二之选；粉玫瑰，温柔而甜美，代表着初恋般的心动，送给那个让你心尖泛甜的Ta，再合适不过；而象征着永恒的满天星，细碎的小花汇聚成一片浪漫星河，为你们的爱情增添梦幻色彩。

来看看我们的顾客怎么说：“去年七夕在这家花店买了花送给女朋友，她感动得不行，我们的感情也升温不少。今年还来这儿买，花美又实惠！”——@恋爱ing

鲜花，不仅是一份礼物，更是增进情侣关系的催化剂。在七夕，用一束花，传递你满满的爱意，让这个节日成为你们爱情路上的美好回忆。快来挑选属于你们的浪漫花束吧！

你觉得这个文案是否精准体现了鲜花的特点和优惠活动呢？要是你有更具体的鲜花品种要求，或者希望增添一些独特元素，都可以随时告诉我。